"十四五"职业教育国家规划教材

书网互动新形态立体教材

U0290811

Windows 10 操作系统

李 飞 主 编

王 红 副主编

电子工业出版社.

Publishing House of Electronics Industry

北京·BEIJING

内 容 简 介

Windows 10 作为最新一代的操作系统，已经逐步取代 Windows 7 成为被广泛接受的新一代操作系统。它不仅继承了 Windows 系列的基础，还增强了对硬件的支持、系统内核的优化、全新界面的舒适体验。

本书除介绍 Windows 10 操作系统的基础功能外，还着重介绍了 Windows 10 新增的功能和应用。

本书主要面向中等职业学校学生，也适用于企业培训和计算机爱好者自学使用。

图书在版编目（CIP）数据

Windows 10 操作系统 / 李飞主编. —北京：电子工业出版社，2019.1

ISBN 978-7-121-35499-1

Ⅰ. ①W… Ⅱ. ①李… Ⅲ. ①Windows 操作系统—中等专业学校—教材 Ⅳ. ①TP316.7

中国版本图书馆 CIP 数据核字（2018）第 258012 号

责任编辑：关雅莉　　　　特约编辑：黄金平
印　　刷：大厂回族自治县聚鑫印刷有限责任公司
装　　订：大厂回族自治县聚鑫印刷有限责任公司
出版发行：电子工业出版社
　　　　　北京市海淀区万寿路 173 信箱　邮编　100036
开　　本：880×1 230　1/16　印张：21　字数：483.84 千字
版　　次：2019 年 1 月第 1 版
印　　次：2024 年 6 月第 6 次印刷
定　　价：49.00 元

凡所购买电子工业出版社图书有缺损问题，请向购买书店调换。若书店售缺，请与本社发行部联系，联系及邮购电话：（010）88254888，88258888。

质量投诉请发邮件至 zlts@phei.com.cn，盗版侵权举报请发邮件至 dbqq@phei.com.cn。

本书咨询联系方式：（010）88254247，liyingjie@phei.com.cn。

前　言

如今，信息化技术正以极其迅猛的速度推动着数字化社会的蓬勃发展。信息化技术的迭代与行业的发展离不开教育与人才的支撑。随着我国进入新的发展阶段，产业升级和经济结构调整不断加快，各行各业对技术技能人才的需求越来越迫切，职业教育的重要地位和作用越来越明显。党的二十大报告中指出："办好人民满意的教育。教育是国之大计、党之大计。培养什么人、怎样培养人、为谁培养人是教育的根本问题。育人的根本在于立德。全面贯彻党的教育方针，落实立德树人根本任务，培养德智体美劳全面发展的社会主义建设者和接班人。坚持以人民为中心发展教育，加快建设高质量教育体系，发展素质教育，促进教育公平。"

本书作为计算机大类专业基础课教材，在编写过程中力求以立德树人为出发点，以中等职业学校教育特点为依据，联系中职教学实际，突出技能训练和动手能力培养，符合中等职业学校专业要求，满足学生和社会需求。

本书具有以下主要特色：

内容丰富，涵盖广泛。本书在介绍 Windows 10 基本功能的基础上，重点将 Windows 10 新增加的功能展示给读者。本书包括计算机基础知识，Windows 10 个性化设置、输入法、文件与文件夹管理、实用工具、多媒体娱乐、账户管理、软/硬件管理、网络安全、网上生活等，涵盖了从学习到生活的多方面应用。

脉络清晰，结构合理。本书包含 12 章，58 个模块，207 个操作目标。每章分为若干模块，模块前设总述，介绍模块主要内容；模块中设技能点，技能点中设操作目标、操作步骤、知识解析，详略得当，层次清晰，结构合理。

图文对照，简单易学。本书在编写体例上采用图文对照的形式，对于操作性的内容，读者通过阅读文字和读图都可以完成操作，满足不同读者的需求，可读性强。对于知识性内容也提供了大量便于读者阅读、理解和记忆的图片，将抽象内容具体化。

扫码即学，视频同步。本书为每个操作知识点都配置了在线学习内容，将二维码与操作视频链接，读者可以随时随地获取视频讲解，使知识的获取更方便、更快捷。

本书共分为 12 章。

第 1 章　计算机基础知识，主要讲述计算机发展简史，计算机的特征与组成，Windows 10 操作系统概述，以及新功能中 Edge 浏览器、虚拟桌面、应用商店、Cortana 小娜语音助手的简单应用。

第 2 章　Windows 10 个性化设置，主要讲述个性化 Windows 10，Windows 10 主题设置，任务栏的操作，查看"开始"屏幕，窗口的基本操作，对话框的基本操作，日期和时间设置，鼠标的设置，字体的个性化设置。

第 3 章　使用输入法快速输入文本，内容包括认识输入法，使用搜狗拼音输入法，使用语音识别功能输入。

第 4 章　文件与文件夹的管理，内容包括认识文件与文件夹，文件和文件夹的浏览与查看，文件和文件夹的基本操作，文件和文件夹的高级操作。

第 5 章　Windows 10 实用工具，主要讲述 Windows 10 基本工具，使用 Windows 10 中

的 Metro 附件应用，Windows 10 系统中的实用 PC 附件。

第 6 章 Windows 10 多媒体娱乐，内容包括使用 Windows Media Player 播放音乐和视频，使用 Windows 照片查看器管理照片，Windows Movie Maker，在 Windows 10 应用商店中畅玩游戏。

第 7 章 配置与管理用户账户，主要讲述用户账户的创建，用户账户的管理。

第 8 章 Windows 10 硬件与驱动管理，主要讲述查看硬件设备，安装硬件设备，利用设备管理器管理硬件设备，在设备管理器中更新/卸载驱动程序。

第 9 章 应用软件的安装与管理，内容包括计算机软件简介，应用软件的安装与启动，应用软件的关闭，卸载应用。

第 10 章 网络配置与应用，主要讲述计算机网络的基本知识，局域网的组建与应用，局域网的共享设置。

第 11 章 Internet 网上冲浪，主要讲述 Internet 基础知识，全新的 Edge 浏览器，设置 Internet 选项，网络资源的搜索与下载，保存网页上的内容，生活需求查询，使用 QQ 在互联网上聊天，电子邮箱的使用，使用新浪微博分享身边的趣事，关于 PC 版微信。

第 12 章 计算机安全防护与优化管理，内容包括认识病毒，认识木马，安装 360 杀毒软件，使用 360 安全卫士优化系统，病毒的查杀与预防，启用 Windows 防火墙，网络支付工具安全防护，系统和数据的备份与恢复。

本书的使用及参考学时

各 章 名 称	模　块	技 能 点	建 议 学 时
第 1 章　计算机基础知识	4	8	2
第 2 章　Windows 10 个性化设置	9	42	4
第 3 章　使用输入法快速输入文本	3	17	2
第 4 章　文件与文件夹的管理	4	21	4
第 5 章　Windows 10 实用工具	3	18	4
第 6 章　Windows 10 多媒体娱乐	4	15	2
第 7 章　配置与管理用户账户	2	7	2
第 8 章　Windows 10 硬件与驱动管理	4	9	2
第 9 章　应用软件的安装与管理	4	8	2
第 10 章　网络配置与应用	3	9	4
第 11 章　Internet 网上冲浪	10	37	4
第 12 章　计算机安全防护与优化管理	8	16	2
合　计	58	207	34

本书的编写人员组成

本书由大连电子学校李飞担任主编，北京市工贸技师学院王红担任副主编，参与本书编写的还有大连电子学校葛晓峰、王向辉，北京市工贸技师学院孟娜、徐锡花，大连市女子中等职业技术专业学校王佳，大连市轻工业学校王丹、耿丰，大连市交通口岸职业技术学校李潇、李双钰、汪浩。

由于编者水平有限，书中难免存在错误和不妥之处，恳请广大师生和读者批评指正。

编　者

目 录

第1章

计算机基础知识

模块1 计算机发展简史

计算机是现代一种用于高速计算的电子计算机器。它可以进行数值计算，又可以进行逻辑计算，并且还具有存储记忆功能。计算机是按照程序运行，自动、高速处理海量数据的现代化智能电子设备，它由硬件系统和软件系统两部分组成。

世界上第一台电子计算机名为 ENIAC，于 1946 年 2 月诞生在美国宾夕法尼亚大学。ENIAC 的诞生开创了电子计算机时代，在人类文明史上具有划时代的意义。

技能点 01 计算机发展的四个阶段

【认知目标】

了解计算机发展的四个阶段。

【认知内容】

- -

POINT 01：

第一代计算机（1946—1957 年）的内部元器件使用的是电子管。第一代计算机的应用领域以军事和科学计算为主。

- -

POINT 02：

第二代计算机（1958—1964 年）的内部元器件使用的是晶体管，晶体管比电子管小得多，处理数据更迅速、更可靠。第二代计算机主要用于商业、学校和政府机关。

POINT 03：

第三代计算机（1965—1970 年）使用的是集成电路，集成电路是制作在晶片上的一个完整的电子电路，这个晶片比手指甲还小，却包含了几千个晶体管元件。第三代计算机的特点是体积更小、价格更低、可靠性更高、计算速度更快。第三代计算机的代表是 IBM 公司的 IBM360 系列。

POINT 04：

第四代计算机（1971 年至今）使用的元器件依然是集成电路，不过，这种集成电路已经大大改善，它包含着几十万个到上百万个晶体管，人们称之为大规模集成电路和超大规模集成电路。1981年，美国 IBM 公司推出了个人计算机（Personal Computer，PC），从此，人们对计算机不再陌生，计算机开始应用到人类生活的各个方面。

☑ 知识解析

第五代计算机

计算机是 20 世纪最先进的科学技术发明之一，对人类的生产活动和社会活动产生了极其重要的影响，并以强大的生命力飞速发展。它的应用领域从最初的军事科研应用扩展到社会的各个领域，已形成了规模庞大的计算机产业，带动了全球范围的技术进步，由此引发了深刻的社会变革，计算机已遍及学校、企事业单位，进入寻常百姓家，成为信息社会中必不可少的工具。

从 20 世纪 80 年代开始，一些发达国家开始研制第五代计算机，研制的目标是能够打破以往计算机固有的体系结构，向智能化发展，使计算机能够有像人一样的思维、推理和判断，实现计算机运行接近人的思考方式的目标。

模块 2　计算机的特征与组成

计算机系统由计算机硬件和软件两部分组成。了解计算机的基本特征与组成，有助于我们更好地学习和掌握计算机系统的使用。

技能点 02　计算机硬件系统

【认知目标】

了解输入设备、输出设备、存储器、运算器和控制器等计算机硬件系统的组成。

【认知内容】

POINT 01：

输入设备是将数据、程序、文字符号、图像、声音等信息输送到计算机中的设备。常用的输入设备有键盘、鼠标、触摸屏、数字转换器等。

POINT 02：

输出设备是将计算机的运算结果或者中间结果打印或显示出来的设备。常用的输出设备有显示器、打印机和绘图仪等。

POINT 03：

存储器将输入设备接收到的信息以二进制的数据形式存到存储器中。存储器有两种，分别为内存储器和外存储器。

POINT 04：

运算器又称算术逻辑单元。它是完成计算机对各种算术运算和逻辑运算的设备，能进行加、减、乘、除等数学运算，也能进行比较、判断、查找、逻辑运算等。

POINT 05：

控制器是计算机指挥和控制其他各部分工作的中心，其工作过程如同人的大脑指挥与控制人的各器官一样。控制器是计算机的指挥中心，负责决定执行程序的顺序，给出执行指令时机器各部件需要的操作控制命令。

技能点 03　信息存储

【认知目标】

　　描述信息存储的介质，包括纸、胶卷、计算机、移动 U 盘、移动硬盘等。

【认知内容】

- -

POINT 01：

　　纸

　　优点：存储量大，体积小，价格便宜，永久保存性好，不易涂改。数字、文字和图像存储一样容易。

　　缺点：传送信息慢，检索不方便。

- -

POINT 02：

　　胶卷

　　优点：存储密度大，查询容易。

　　缺点：阅读时必须通过接口设备，不方便，价格昂贵。

- -

POINT 03：

　　计算机

　　优点：存取速度极快，存储的数据量大。

　　企事业单位中，各种重要文件，如企业结构、人事方面的档案材料、设备或材料的库存账目等，应当存储于计算机磁盘中，以便联机检索和查询。

- -

POINT 04：

　　U 盘

　　U 盘，全称 USB 闪存盘。它是一种使用 USB 接口的无须物理驱动器的微型高容量移动存储产品，通过 USB 接口与计算机连接，实现即插即用。

- -

POINT 05：

　　移动硬盘

　　移动硬盘，顾名思义是以硬盘为存储介质，在计算机之间交换大容量数据，强调便携性的存储产品。

- -

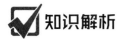 **知识解析**

信息存储的作用：

（1）便于查询检索。将加工处理后的信息资源存储起来，形成信息资源库，为用户从中检索所需信息提供极大的方便。

（2）便于管理。将信息资源集中存储到信息资源库中，就可以采用先进的数据库管理技术定期对其中的信息内容进行更新和删除，剔除其中已经失效老化的信息内容。

（3）利于共享。将信息资源集中存储到信息资源库中，为用户共享使用其中的信息内容提供了便利，人们还可以反复使用，提高信息资源的利用率。

（4）延长寿命。信息资源存储还可以有效地延长信息资源的使用寿命，提高信息资源的使用效益。

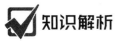 **知识解析**

信息存储的技术走势：

（1）存储虚拟化技术。随着计算机内信息量的不断增加，以往直连式的本地存储系统已经无法满足业务数据的海量增长，搭建共享的存储架构，实现数据的统一存储、管理和应用已经成为一个行业的发展趋势，而虚拟存储技术正逐步成为共享存储管理的主流技术。存储虚拟化技术将不同接口协议的物理存储设备整合成一个虚拟存储池，需要为主机创建并提供等效于本地逻辑设备的虚拟存储卷。

（2）分级存储管理技术。分级存储管理（HSM）技术，就是系统根据数据的重要性、访问频次等指标分别存储在不同性能的存储设备上，采取不同的存储方式，实时监控数据的使用频率，并且自动将长期闲置的数据块迁移到低性能的磁盘上，把活跃的数据块放在高性能的磁盘上。

（3）数据保护技术。数据保护系统的建设是一个循序渐进的过程，在进行了本地备份系统建设之后，建立一套可靠的远程容灾系统。当灾难发生后，通过备份的数据完整、快速、简捷、可靠地恢复原有系统，以避免灾难对业务系统的损害。

模块3　Windows 10 操作系统概述

Windows 10 是新一代跨平台及设备应用的操作系统。Windows 10 操作系统在 Windows 8 操作系统的基础上，在易用性、安全性等方面进行了深入改进与优化。同时，Windows 10 操作系统还针对云服务、智能移动设备、人机交互等新技术进行融合。全新的 Windows 10 覆盖全平台，可以运行在手机、平板电脑、台式机及 Xbox One 等设备中，拥有相同的操作界面和同一个应用商店，能够跨设备进行应用搜索、购买和升级。

本部分主要介绍 Windows 10 的配置要求和安装要求。

技能点 04　配置要求

【认知目标】

了解 Windows 10 系统的最低配置要求。

【认知内容】

Windows 10 系统的最低硬件配置要求如下：

处理器	1GHz 或更快的处理器
内存	1GB（32 位）或 2GB（64 位）
硬盘空间	16GB（32 位）或 20GB（64 位）
显卡	DirectX 9 或更高版本（包含 WDDM 1.0 驱动程序）
显示器	1024×600 分辨率

可以看出，Windows 10 系统对硬件的要求并不高，对于之前可运行 Windows 7 或 Windows 8 系统的计算机，基本都可正常安装。

模块 4　新功能简述

Windows 10 不仅延续了 Windows 8 当中的设计思路，同时还对后者存在的诸多缺陷进行了修复，并带来了许多让人期待的新功能，接下来就让我们一起领略 Windows 10 带来的全新体验。

技能点 05　全新的 Edge 浏览器

【认知目标】

了解全新的 Edge 浏览器的新功能。

【认知内容】

POINT 01：

　　将鼠标放到非活动的标签页上，可以看到标签页缩略图。

POINT 02：

单击地址栏右侧的"阅读视图"按钮之后，浏览器便会隐藏网页中所有不相关的内容，只留下文章的正文和图片，带来沉浸式的阅读体验。单击窗口右上角的"做 Web 笔记"按钮。

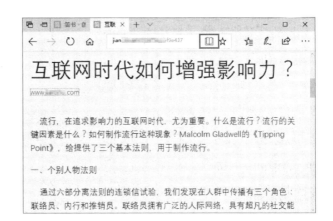

POINT 03：

Edge 浏览器上方会出现笔记工具栏，选择工具条上的普通笔、荧光笔、文字等工具可以在网页上进行标记。

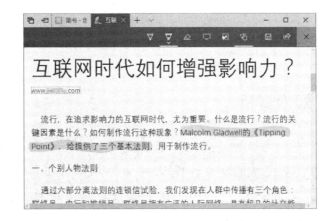

POINT 04：

单击窗口右上角的"共享"按钮，可以将网页通过 OneNote、QQ或邮件等方式分享给其他人。

POINT 05：

可以通过"阅读列表"功能保存希望稍后阅读的网页。单击地址栏右侧的"收藏"按钮，然后单击"阅读列表"按钮即可保存。

POINT 06：

Edge 浏览器内置了微软 Cortana 小娜语音助手。在地址栏输入你的问题，小娜会自动筛选出最有价值的信息显示在搜索栏的下方；也可以在页面选中文字，右击并选择"询问 Cortana"命令，小娜也会将相关的搜索结果显示在页面右侧。

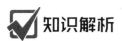知识解析

Edge 浏览器与 IE 浏览器对比

1．更快的速度：IE 需要保持与以前技术的后向兼容性，而 Edge 抛掉了从前的包袱，拥有比 IE 更精简、优化程度更高的代码。因此，Edge 的性能也更高。

2．支持扩展程序：与 IE 不同的是，Edge 支持基于 JavaScript 的扩展程序，允许第三方对 Web 网页视图进行定制，增添新功能。

3．智能化与个性化：Edge 与 Cortana 整合，当用户选择使用这些服务时，它们会追踪用户的上网活动，以收集更多信息，有助于用户更好地上网浏览信息。

4．更有沉浸感：Edge 致力于提高用户的阅读体验。包括极简的界面风格、通过"阅读视图"能重新构建网页等，使用户避免被其他事项分散注意力。

5．跨平台体验：除 Windows 以外，还提供了 Linux、iOS、Android 等各种主流平台的版本，使用户可以在多个平台中同步收藏、阅读列表等。

技能点 06　　可在同一操作系统下使用多个桌面环境虚拟桌面

【操作目标】

在 Windows 10 系统下使用多个桌面环境虚拟桌面。

【操作步骤】

STEP 01：

在任务栏上单击"任务视图"图标。

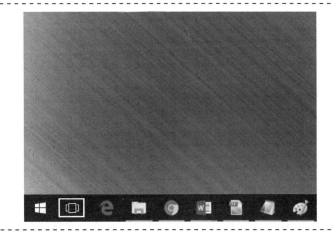

STEP 02：

桌面中间是当前运行的任务缩略图，可以通过单击缩略图进行任务切换；下方是虚拟桌面区，可以通过单击进行虚拟桌面切换。如果只存在一个桌面，则可以单击右下角的"+新建桌面"按钮新建虚拟桌面。

STEP 03：

右击一个桌面中的程序，可以把该程序放到另一个桌面中。

知识解析

关于虚拟桌面的快捷方式

Win+Ctrl+Left/Right：切换上个或下个桌面

Win+Ctrl+D：创建新的桌面

Win+Ctrl+F4：关闭当前的桌面

Win+Tab：触发 Task View 虚拟桌面

技能点 07　　内置 Windows 应用商店

【操作目标】

通过应用商店获取应用。

【操作步骤】

STEP 01：

单击"开始"菜单，按字母顺序找到"Microsoft Store"选项或"应用商店"选项，单击进入。

STEP 02：

在搜索框输入想要下载的应用名称，找到后单击该应用进入搜索结果界面。

STEP 03：

在进入搜索结果界面后，单击"获取"按钮。

STEP 04：

如果之前没有登录过 Microsoft 账户，则会弹出登录对话框，可以使用已有的账户登录，或者创建一个新账户。

STEP 05：

登录后，应用将开始下载，下载完成后自动安装。安装完成前，可根据提示选择将应用固定到"开始"菜单。这时，我们就可以在"开始"菜单中找到并使用它了。

☑ 知识解析

通过网页访问应用商店

除了通过 Windows 10 系统内置的应用商店下载应用，我们也可以直接通过浏览器访问微软应用商店网址的方式下载应用。

应用商店的两种形式中，内容基本一致，我们可以随时随地通过浏览器在应用商店中搜索想要找的应用，也可以通过分类查找和网页推荐发现喜欢的应用，然后通过浏览器或者启动应用商店下载安装。

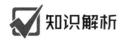 知识解析

通用应用

通用应用最早在 Windows 8 平台提出，并在 Windows 10 平台得到完善，是指同一个应用在不同种类的 Windows 设备（手机、平板电脑、个人计算机）上都能顺利运行。通用应用使开发人员可以很轻易地编写跨平台应用，只需编写一次代码即可发布至全平台。

在 Windows 10 系统中，内置的很多系统组件已经以应用的形式存在，包括登录界面、计算器、录音机、时钟托盘等。同时，Windows 10 添加的大部分新功能也是通过应用实现的，比如 Edge 浏览器、小娜语音助手等。

在 Windows 10 系统中，可以通过应用商店，很方便地获取各种类型的通用应用，而应用商店本身也是以应用形式实现的。

技能点 08　Cortana 小娜语音助手

【操作目标】

使用"Cortana（小娜）"语音助手获得帮助。

【操作步骤】

STEP 01：

在"开始"菜单找到"Cortana（小娜）"图标，单击进入。也可以右击屏幕左下角的 Windows 图标，在弹出的快捷菜单中，单击"搜索"选项，进入小娜界面。

STEP 02：

进入小娜主界面后，小娜会以蓝色圆圈的形象出现，并提示你可以从小娜这里获得哪些帮助。

STEP 03：

在下方的搜索框中输入你想问小娜的事情，小娜会自动为你匹配你最想要的答案。如果匹配的结果不是你想要的答案，还可以继续单击"查看网络搜索结果"选项。

STEP 04：

单击搜索框右侧"话筒"按钮，在弹出的确认框中单击"当然"按钮，允许小娜打开语音识别，这时就可以直接与小娜用语音对话交流了。

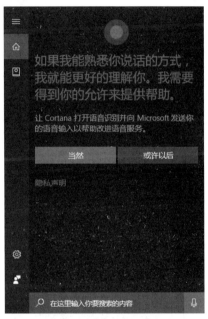

STEP 05：

比如，通过语音问小娜明天的天气，小娜完成语音识别后，就会自动为你展示明天的天气预报。你也可以尝试问小娜各种问题，体验人工智能带来的方便与乐趣。

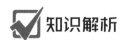 知识解析

通过小娜与小冰交流

小冰是微软（亚洲）互联网工程院研发的一款对话式聊天机器人，于2014年率先在中国市场推出，现已进化到小冰八代，功能更为全面。

小娜的一个隐藏功能，就是可以唤醒小冰并与其聊天，在搜索框中输入或直接通过语音说出"召唤小冰"即可。我们可以在与两个不同的语言助手交流过程中，发现更多的乐趣。

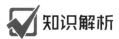 知识解析

微软小娜

Cortana，也叫小娜，是 Windows 10 的招牌功能。小娜是微软发布的全球第一款个人智能私人语音助手，能够了解用户的喜好和习惯，用户可以对它说话，或者让它做一些事情。小娜是微软在机器学习和人工智能领域方面的尝试。

小娜的语音功能非常强大，当用户说出"你好小娜"时，它就会做出回应，并开始聆听，然后用户便可以问它一些问题，如可以问它天气，让它提醒待办事项，让它讲个笑话，打开应用等。我们可以通过搜索网站了解如何使用小娜。

习 题 1

一、填空题

1. 计算机的系统由_____和软件两部分组成。

2. 计算机的存储器分为_____和外存储器。

3. 输入设备、输出设备、_____、运算器和控制器组成了计算机的硬件系统。

4. _____是以硬盘为存储介质，在计算机之间交换大容量数据，强调便携性的存储产品。

5. 存储器将输入设备接收到的信息以_____的数据形式存到存储器中。

二、选择题

1. 世界上第一台计算机是在（　　　）诞生的。

    A. 英国　　　　　　　　　　　B. 德国

    C. 美国　　　　　　　　　　　D. 日本

2. 下列四种设备中，属于输出设备的是（　　　　）。

    A. 显示器　　　　　　　　　　B. 鼠标

    C. 键盘　　　　　　　　　　　D. 触摸屏

3．不属于计算机工作的优点是（　　　）。

    A．存取速度慢　　　　　　　　　B．存储的数据量大

    C．计算精度高　　　　　　　　　D．处理信息速度快

4．现在普遍使用的计算机硬件系统主要由（　　　）电子器件构成。

    A．集成电路　　　　　　　　　　B．晶体管

    C．电子管　　　　　　　　　　　D．显示管

5．Windows 10 系统对内存的最低配置要求是（　　　）。

    A．1GB　　　　　　　　　　　　B．4GB

    C．16GB　　　　　　　　　　　　D．128GB

三、简答题

组装一台计算机需要哪些部件？

第2章

Windows 10 个性化设置

Windows 10 是由微软公司发布的全平台操作系统，该系统涵盖传统 PC、平板电脑等，支持广泛的设备类型。相比之前的 Windows 7、Windows 8 操作系统，Windows 10 对桌面个性化设置进行了很大的改造，尤其是"开始"屏幕磁贴的使用。本章主要介绍 Windows 10 桌面、窗口、任务栏及其他个性化的设置，使用户能根据自己的需求设置具有个人特色的计算机。

模块 1　个性化 Windows 10

在计算机使用的过程中，我们可以根据自己的实际情况和需要，对计算机的系统环境进行调整设置，形成富有自己个性的计算机，如窗口颜色、桌面背景、图标、声音方案和屏幕保护程序等个性化设置。个性化的设置需要通过个性化"设置"窗口来实现。

技能点 01　设置桌面背景

【操作目标】

设置桌面背景为系统自带图片。

【操作步骤】

STEP 01：

单击右键（以下统称为右击）桌面空白处，在弹出的快捷菜单中选择"个性化"命令。

STEP 02：

　　弹出个性化"设置"窗口，选择"背景"选项卡。

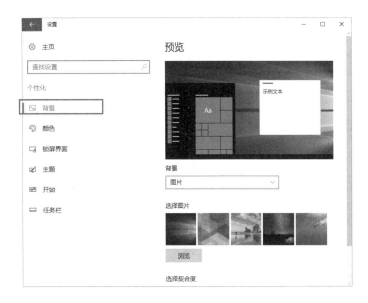

STEP 03：

　　单击"背景"下拉按钮，在弹出的下拉列表中可以对背景的样式进行设置，包括"图片""纯色""幻灯片放映"选项。

STEP 04：

　　选择"图片"选项，既可以在所列的图片列表中进行图片选择，也可以单击"浏览"按钮，将计算机中的图片设置为背景。

STEP 05：

单击"选择契合度"下拉按钮，在弹出的下拉列表中选择图片契合度，包括填充、适应、拉伸、平铺、居中、跨区。

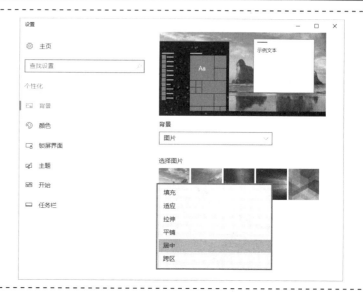

STEP 06：

在 STEP 03 中选择"纯色"选项，则可以在下方的颜色列表中选择相应的颜色，选择完毕后，可以在"预览"区域查看背景效果。

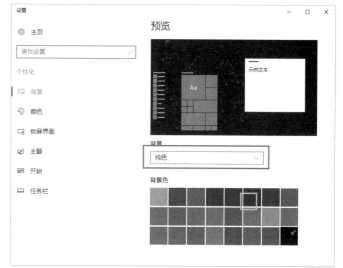

STEP 07：

在 STEP 03 中选择"幻灯片放映"选项，则可以在下方的界面中设置幻灯片图片的播放频率、播放顺序等信息。

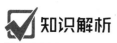 **知识解析**

选择契合度

在设置图片或幻灯片为桌面背景时，都可通过选择契合度来设置背景图片的摆放方式。

契 合 度	说　明	效　果
填充	图片充满整个屏幕	
适应	由系统自动设置摆放	
居中	如果主题图片尺寸较小，这时你会看到主题图片只是在屏幕中间，四边没有充满图片	
拉伸	图片不按比例缩放，而是根据屏幕显示分辨率拉伸。就是把图片放大，让一张图片就占满桌面	
平铺	把图片铺满桌面，因为一张图片可能无法占满整个桌面，就用几张图片铺满桌面。图片小的按顺序排列，直到排满整个屏幕为止	
跨区	如果计算机连接两台或多台显示器，跨区可将图片延伸到辅助显示器的桌面中	

技能点 02　设置窗口颜色

【操作目标】

设置窗口颜色为紫色。

【操作步骤】

STEP 01：

在个性化"设置"窗口，选择"颜色"选项卡。

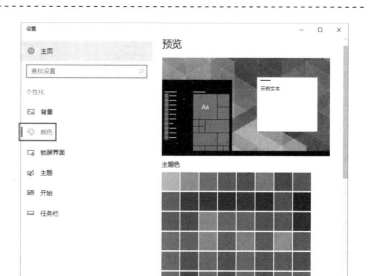

STEP 02：

选取紫色，并将下面的"显示'开始'菜单、任务栏和操作中心的颜色"选项按钮由"关"设置为"开"；"显示标题栏的颜色"选项按钮由"关"设置为"开"。

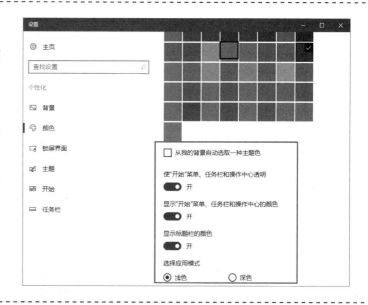

STEP 03：

返回系统桌面，单击"此电脑"图标，查看设置效果。

技能点 03 更改桌面图标样式

【操作目标】

更改桌面"此电脑"的图标。

【操作步骤】

STEP 01：

　　在个性化"设置"窗口，选择"主题"选项卡，选择右侧界面中"桌面图标设置"选项。

STEP 02：

　　单击"桌面图标设置"对话框中的"更改图标"按钮。

STEP 03：

　　选中一个想要更换的图标，单击"确定"按钮。

STEP 04：

　　返回"桌面图标设置"对话框，即可看到"此电脑"的图标已经更改，单击"确定"按钮即可完成设置。

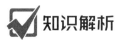 **知识解析**

 图标

　　Windows 10 操作系统中，所有的文件、文件夹和应用程序等都是由相应的图标进行表示的。桌面图标一般由文字和图片组成，文字说明图标的名称或功能；图片是它的标识符。

技能点 04　自定义系统声音

【操作目标】

为系统"最大化"操作添加系统提醒声音。

【操作步骤】

STEP 01：

　　在个性化"设置"窗口，选择"主题"选项卡，选择右侧界面中的"高级声音设置"选项。

STEP 02：

选择"声音"对话框中的"声音"选项卡。

STEP 03：

"程序事件"选区中，带有 标识，表示系统已有相应声音提醒；没有 标识，表示未添加系统提醒声音。

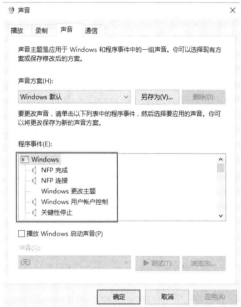

STEP 04：

现以"最大化"选项操作添加系统提醒声音为例，进行添加系统提醒声音。

选择"最大化"选项，此时"声音"下拉菜单显示无，单击"声音"下拉按钮。

STEP 05：

选择"声音"下拉列表中的一种声音。

STEP 06：

单击"测试"按钮进行试听，单击"确定"按钮完成系统声音设置。

技能点 05　设置屏幕分辨率

【操作目标】

将屏幕分辨率调整为 1366×768 像素。

【操作步骤】

STEP 01：

右击桌面空白处，在弹出的快捷菜单中选择"显示设置"命令。

STEP 02：

单击"自定义显示器"界面中"高级显示设置"按钮。

STEP 03：

单击"分辨率"下拉按钮，选择"1366×768（推荐）"分辨率。

单击"应用"按钮，完成设置。

📝知识解析

设置屏幕分辨率

Windows 10 操作系统中屏幕分辨率设置和 Windows 7 操作系统相同，样式相对更多。更改屏幕分辨率后，显示器中图标大小、长宽会随之改变。

分辨率为 1920×1080 的效果　　　　分辨率为 1280×600 的效果

技能点 06　设置屏幕保护程序

【操作目标】

将屏幕保护程序设置为"气泡"效果。

【操作步骤】

STEP 01：

右击桌面的空白处，在弹出的快捷菜单中选择"个性化"命令，打开个性化"设置"窗口。

STEP 02：

在打开的个性化"设置"窗口中选择"锁屏界面"选项卡。

STEP 03：

在"锁屏界面"中向下拖曳滚动条，单击"屏幕保护程序设置"选项。

STEP 04：

　　打开"屏幕保护程序设置"对话框，选中"在恢复时显示登录屏幕"复选框。

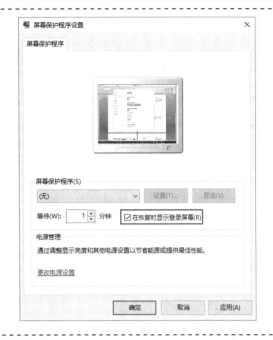

STEP 05：

　　在"屏幕保护程序"下拉列表中选择"气泡"选项，此时在上方的预览框中可以看到设置后的效果。

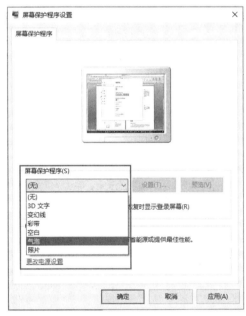

STEP 06：

　　在"等待"微调框中设置等待时间为 5 分钟。设置完成后，单击"确定"按钮，返回个性化"设置"窗口，如果用户在 5 分钟内没有对计算机进行任何操作，系统会自动启动屏幕保护程序。

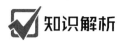 **知识解析**

屏幕保护程序

当计算机在指定的一段时间内没有使用鼠标或键盘后，屏幕保护程序动画就会出现在计算机的屏幕上，此动画一般为移动的图片或图案，屏幕保护程序最初用于保护较旧的单色显示器免遭破坏，但现在它们主要是个性化计算机或通过提供密码保护来增强计算机安全性的一种方式。

技能点 07 　更改电源设置

【操作目标】

将计算机设置为 2 小时后进入"睡眠"状态。

【操作步骤】

STEP 01：

右击桌面的空白处，在弹出的快捷菜单中选择"个性化"命令，打开个性化"设置"窗口。

STEP 02：

在打开的个性化"设置"窗口中选择"锁屏界面"选项卡。

STEP 03：

在"锁屏界面"中向下拖曳滚动条，单击"屏幕超时设置"选项。

STEP 04：

打开"电源和睡眠"设置界面，设置睡眠时间。

"屏幕"选项组（分为"使用电池电源"和"接通电源"两种情况。）中设置的是无操作时屏幕关闭时间，设置后按键盘上的任意一键即可唤醒计算机，恢复到此前的状态。

STEP 05：

"睡眠"选项组（分为"使用电池电源"和"接通电源"两种情况）中设置的是无操作时系统进入睡眠状态的时间，设置后按键盘上的任意一键即可恢复到登录界面。

☑ 知识解析

电源设置				
操 作	显示器状态	程 序 状 态	恢 复 速 度	耗 电 量
关闭显示器	黑屏节能状态	正常运转	快速	较多
睡眠模式	黑屏节能状态	将设置保存在内存中，程序停止运行	较慢	较少

模块 2 Windows 10 主题设置

主题是桌面背景图片、窗口颜色和声音的组合，用户可以对主题进行设置，获得更好的用户体验。

技能点 08 设置主题

【操作目标】

将计算机主题设置为"鲜花"。

【操作步骤】

STEP 01:

　　右击桌面的空白处，在弹出的快捷菜单中选择"个性化"命令，打开个性化"设置"窗口，在列表中选择"主题"选项，随后在"主题"界面中单击"主题设置"选项。

STEP 02:

　　在 Windows 默认主题中，选择"鲜花"主题。

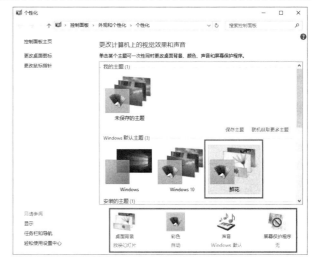

技能点 09　保存与删除主题样式

【操作目标】

将修改的主题保存为"我的主题 1"，随后将其删除。

【操作步骤】

STEP 01:

　　若对主题进行了个性化的设置，则可以通过单击"保存主题"选项将其保存下来。在"将主题另存为"对话框中填写好主题名称，单击"保存"按钮即可。

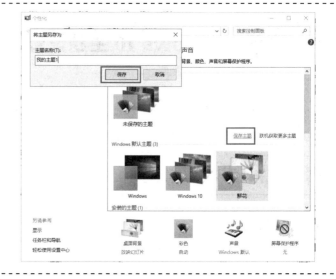

STEP 02:

这样就可以看到我们新保存的主题。

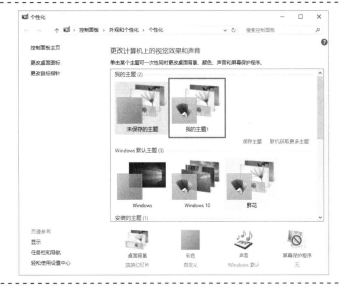

STEP 03:

右击要删除的主题，则会弹出的"删除主题"命令。单击该命令，即可将主题删除。

技能点 10　设置锁屏图片

【操作目标】

将锁屏图片设置为系统自带图片。

【操作步骤】

STEP 01:

右击桌面的空白处，在弹出的快捷菜单中选择"个性化"命令，打开个性化"设置"窗口，选择"锁屏界面"选项卡。

STEP 02：

　　单击"背景"下方三角形下拉按钮，在弹出的下拉列表中可以设置用于锁屏背景的样式，样式包括 Windows 聚焦、图片和幻灯片放映。

STEP 03：

　　选择一张系统自带的图片，或单击"浏览"按钮，选择计算机中的其他图片。设置好之后，可以在"预览"区域查看设置的锁屏样式。

☑ 知识解析

Windows 聚焦

　　Windows 聚焦是 Windows 10 系统提供的一种新功能，Windows 聚焦功能开启之后，用户在锁定计算机屏幕时将不再看到单调的壁纸，Windows 10 会对壁纸进行自动切换，Windows 10 会根据用户的使用习惯从互联网下载并使用精美的壁纸。

模块 3　任务栏的操作

　　任务栏是位于桌面的最底部的长条，主要由程序区域、通知区域和显示桌面按钮组成。从 Windows 7 开始，系统任务栏升级为超级任务栏，可以将常用的应用固定到任务栏中，方便日常使用。

技能点 11　取消锁定任务栏

【操作目标】

　　取消锁定任务栏。

【操作步骤】

右击任务栏的空白处，在弹出的
快捷菜单中单击取消"锁定任务栏"，
即可取消锁定任务栏，再次单击即可
重新锁定。

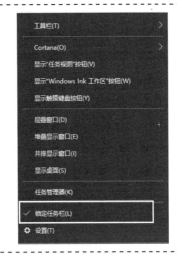

 知识解析

锁定任务栏

我们在对计算机进行操作时，常会不小心将任务栏"拖曳"到屏幕的左侧或右侧，
有时还会将任务栏的宽度拉伸并且很难调整到原来的状态。为此，Windows 系统添加
了"锁定任务栏"这个选项，可以将任务栏锁定。

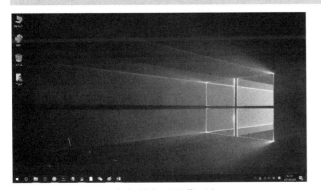

任务栏位于屏幕下方

任务栏位于屏幕右侧

技能点 12　自动隐藏任务栏

【操作目标】

将任务栏隐藏。

【操作步骤】

STEP 01：

右击桌面空白处，在弹出的快
捷菜单中选择"个性化"命令。

STEP 02：

　　弹出个性化"设置"窗口，单击"任务栏"选项卡。

STEP 03：

　　在右侧"任务栏"界面中，单击"在桌面模式下自动隐藏任务栏"下的按钮，使其打开。

技能点 13　　使用小任务栏按钮

【操作目标】

打开小任务栏按钮。

【操作步骤】

STEP 01：

　　右击桌面空白处，在弹出的快捷菜单中选择"个性化"命令。

STEP 02：

　　弹出个性化"设置"窗口，选择"任务栏"选项卡。

STEP 03：

　　在右侧"任务栏"界面中单击"使用小任务栏按钮"下的按钮，使其打开。

技能点 14　设置任务栏的位置

【操作目标】

将任务栏设置到屏幕的底部。

【操作步骤】

STEP 01：

　　右击桌面空白处，在弹出的快捷菜单中选择"个性化"命令。

STEP 02：

弹出个性化"设置"窗口，选择"任务栏"选项卡。

STEP 03：

在"任务栏"选项卡中向下拖曳滚动条，找到"任务栏在屏幕上的位置"选项。

STEP 04：

单击"任务栏在屏幕上的位置"三角形下拉按钮，在弹出的下拉列表中选择"底部"选项，完成设置。

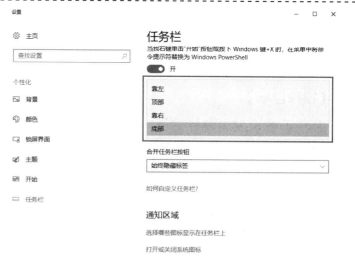

技能点 15 任务栏按钮的显示方式

【操作目标】

将任务栏按钮的显示方式设置为"始终隐藏标签"。

【操作步骤】

STEP 01：

右击桌面空白处，在弹出的快捷菜单中选择"个性化"命令。

STEP 02：

弹出个性化"设置"窗口，选择"任务栏"选项卡。

STEP 03：

在"任务栏"选项卡中向下拖曳滚动条，找到"合并任务栏按钮"选项。

STEP 04：

单击"合并任务栏按钮"三角形下拉按钮，在弹出的下拉列表中选择"始终隐藏标签"选项，完成设置。

技能点 16　自定义通知区域

【操作目标】

将电源图标显示在通知区域。

【操作步骤】

STEP 01：

右击任务栏的空白处，在弹出的快捷菜单中选择"任务栏设置"命令。

STEP 02：

在已打开的个性化"设置"窗口中选择"任务栏"选项卡。

STEP 03：

向下拖曳滚动条，单击"选择哪些图标显示在任务栏上"选项，打开"选择哪些图标显示在任务栏上"窗口。

STEP 04：

在"选择哪些图标显示在任务栏上"窗口中，单击要显示的图标右侧的"开/关"按钮，即可将该图标显示/隐藏在通知区域中，本实例单击"电源"右侧的"开/关"按钮，将其设置为"开"。

STEP 05：

返回到系统桌面中，可以看到通知区域中显示出了"电源"的图标。

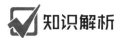

通知区域

任务栏右边的区域被称为通知区域，也有人称其为系统提示区或系统托盘。出现在通知区域里的图标是一些程序的快捷图标，与锁定在任务栏的图标相比，这些程序是在运行中。但与任务栏里的运行程序不同，通知区域里的运行程序是在后台运行，而不是在前台运行。

技能点 17　使用快速预览桌面

【操作目标】

快速预览桌面。

【操作步骤】

STEP 01：

单击任务栏最右端的"显示桌面"按钮，可最小化所有显示的窗口，实现快速预览桌面；若要还原打开的窗口，再次单击"显示桌面"按钮即可。

STEP 02：

右击"显示桌面"按钮，在弹出的快捷菜单中选择"在桌面上速览"命令，此时只需将鼠标指向"显示桌面"按钮（不用单击），即可临时查看桌面；若要再次显示窗口，只需将鼠标指针离开"显示桌面"按钮。

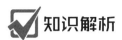

☑ **知识解析**

快速预览桌面

有时用户需要打开很多窗口，要重新回到桌面就要先关闭或最小化窗口。快速预览功能可以减少操作的烦琐程度，提高操作效率。

技能点 18　将图标锁定到任务栏

【操作目标】

将"画图"图标锁定到任务栏。

【操作步骤】

STEP 01:

如果"画图"程序已经打开，在任务栏上选择此程序并右击，从弹出的快捷菜单中选择"固定到任务栏"命令。

STEP 02:

"图画"应用程序将会锁定在任务栏，用户可随时打开程序。

STEP 03:

如果"画图"程序没有打开，可以在桌面上找到程序图标，右击图标，从弹出的快捷菜单中选择"固定到任务栏"命令。

STEP 04：

　　如果桌面上没有"画图"程序图标，可以打开"开始"菜单，将"画图"图标拖曳至任务栏。当出现"链接"提示时，松开鼠标即可完成设置。

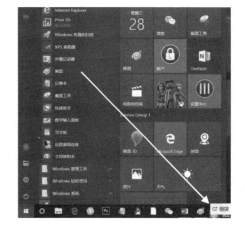

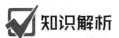 **知识解析**

将图标锁定到任务栏

　　将图标锁定到任务栏是启动应用程序的最快捷方便的方法，只需单击该图标按钮，就能启动该应用程序。此区域默认有三个快速启动图标，分别是 Edge 浏览器、文件资源管理器和应用商店。用户可根据需要，放置多个应用程序快捷方式图标。

技能点 19　　重新排列任务栏图标

【操作目标】

　　将"QQ"图标向左调整，将"画图"图标从任务栏取消固定。

【操作步骤】

STEP 01：

　　用鼠标拖曳"QQ"图标向左移动，调整至合适位置松开鼠标，完成调整。

STEP 02：

　　用鼠标在任务栏上选择并右击程序，在弹出的快捷菜单中选择"从任务栏取消固定"命令，则该程序图标会从任务栏上消失。

模块 4　　查看"开始"屏幕

　　在 Windows 10 中，开始屏幕（Start screen）取代了原来开始菜单的功能。其中，屏幕磁贴的使用照顾到了桌面和平板两方面的用户，通过添加、移动或删除磁贴使得用户的操作更加便捷。

技能点 20　查看所有的应用程序

【操作目标】

查看所有的应用程序。

【操作步骤】

STEP 01:

单击桌面左下角的"开始"按钮，即可弹出"开始屏幕"菜单。它主要由"电源""设置""文件资源管理器""用户名""所有程序"按钮及"程序列表""动态磁贴"面板等组成。

STEP 02:

单击"所有程序"按钮就可以打开"程序列表"，在该列表中，可以查看系统中安装的所有软件程序。

✓ 知识解析

"所有程序"按钮

单击"所有程序"按钮之后，打开的程序列表是按数字（0~9）、字母（A~Z）、汉字拼音（A~Z）的顺序升序排列的。

技能点 21　　快速搜索应用程序

【操作目标】

利用"开始"菜单快速打开"腾讯QQ"应用程序。

【操作步骤】

STEP 01：

单击如图所示"索引"按钮。

STEP 02：

单击索引列表中的"拼音 T"
按钮。

STEP 03：

单击"腾讯软件"文件夹，找
到"腾讯 QQ"应用程序。

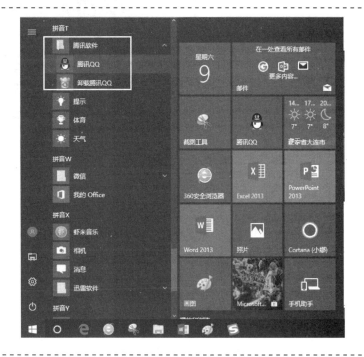

技能点 22　调整"开始"屏幕磁贴大小

【操作目标】

调整屏幕磁贴的大小。

【操作步骤】

STEP 01：

　　单击"开始"按钮，打开
"开始"菜单，"开始"菜单右
侧即为"开始"屏幕。

STEP 02：

　　右击任意磁贴，在弹出的
快捷菜单中选择"调整大小"
命令，即可按需调整磁贴大小。

✓ **知识解析**

屏幕磁贴

　　在 Windows 10 操作系统中，"开始"菜单中新增"磁贴"效果，用户可以将常用
文件放置于磁贴处，方便操作。

技能点 23　调整"开始"屏幕磁贴位置

【操作目标】

调整"获取 Office"屏幕磁贴的位置。

【操作步骤】

STEP 01：

单击"开始"按钮，弹出"开始"菜单。

STEP 02：

单击"获取 Office"磁贴进行拖曳，可拖曳至任意位置，即可移动磁贴位置。

知识解析

"开始"中的磁贴位置

此磁贴位置不受添加时间限制，可根据用户需求移动到任意位置。

技能点 24 将应用固定到"开始"屏幕

【操作目标】

将"腾讯 QQ"固定到开始屏幕。

【操作步骤】

STEP 01：

单击"开始"按钮，弹出"开始"菜单。

STEP 02：

在程序应用窗口中找到"腾讯 QQ"应用程序。

STEP 03：

右击"腾讯 QQ"应用程序，在弹出的菜单中单击"固定到'开始'屏幕"命令。

STEP 04：

添加成功后，"腾讯 QQ"磁贴将会显示在"开始"屏幕中。

技能点 25   取消"开始"屏幕固定磁贴

【操作目标】

取消开始屏幕上"腾讯 QQ"的固定磁贴。

【操作步骤】

STEP 01：

单击"开始"按钮，弹出"开始"菜单。

STEP 02：

右击"开始"屏幕中的"腾讯 QQ"磁贴，在弹出的菜单中单击"从'开始'屏幕取消固定"选项。

STEP 03：

　　"腾讯 QQ" 磁贴从"开始"
菜单中消失。

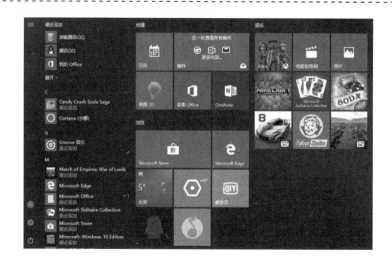

模块 5　窗口的基本操作

　　窗口代表屏幕上一个应用程序正在执行操作，是用户与该应用程序之间的可视化界面。在 Windows 10 中，窗口的打开、关闭、最大/最小化等操作是最基本的操作。

技能点 26　Windows 10 窗口的组成

【操作目标】

　　认识 Windows 10 窗口的组成。

【操作步骤】

STEP 01：

　　双击"此电脑"图标，打
开"此电脑"窗口。

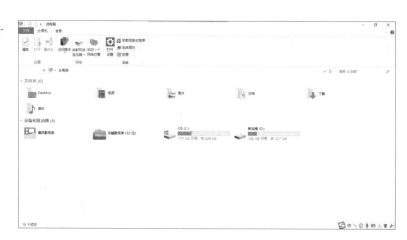

STEP 02：

　　窗口的最顶端是由"工具栏"、"标题"
和"最小（大）、还原、关闭"按钮组成。

STEP 03:

窗口的"功能区"。

STEP 04:

窗口的"地址栏"。

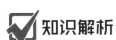 **知识解析**

窗口

在 Windows 10 操作系统中，屏幕上会打开许多窗口。每个窗口负责处理一类信息。用户可以在任意窗口工作，并在各窗口间交换信息。用户也可通过关闭一个窗口来终止一个程序的运行。

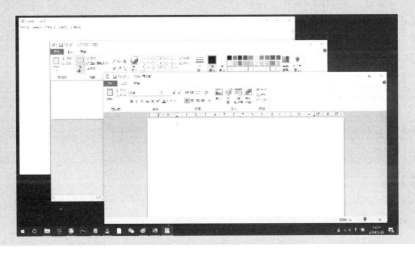

技能点 27 打开和关闭窗口

【操作目标】

打开"记事本"窗口，然后关闭。

【操作步骤】

STEP 01:

单击"开始"按钮，选择"Windows 附件"选项，然后单击"记事本"选项。

STEP 02：

　　"记事本"窗口打开效果。

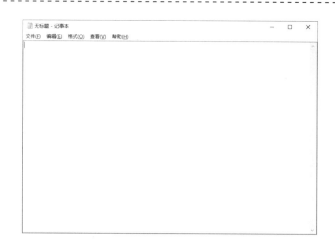

STEP 03：

　　单击窗口右上角"关闭"按钮，
就可以将"记事本"窗口关闭。

技能点 28　　调整窗口的大小

【操作目标】

　　调整"画图"窗口的大小。

【操作步骤】

STEP 01：

　　打开"画图"窗口，单击窗口
右上角的"最大化"按钮，则窗口
将扩展到整个屏幕，显示所有窗口
内容。

STEP 02：

　　此时"最大化"按钮变成"还
原"按钮，单击该按钮，即可将窗
口还原到原来的大小。

STEP 03：

　　单击"最小化"按钮，则窗口
会最小化到任务栏上。用户若需要
显示窗口，直接单击任务栏上的"画
图"程序图标。

STEP 04：

当窗口处于非最小化和最大化的状态时，用户可以手动调整窗口的大小。

将鼠标指针移动到窗口的边框或四角上，鼠标指针会变成双向箭头。

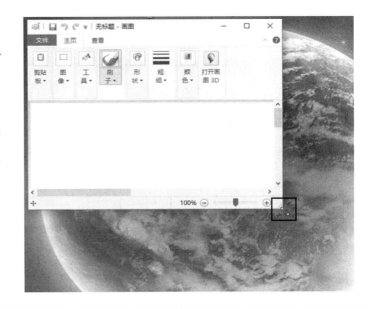

STEP 05：

按住鼠标左键不放，拖曳到合适的位置松开鼠标即可。

STEP 06：

在窗口标题栏的空白位置双击鼠标左键，可以实现窗口的最大化，再次在窗口标题栏的空白位置双击鼠标左键，可以将窗口恢复到原来的大小。

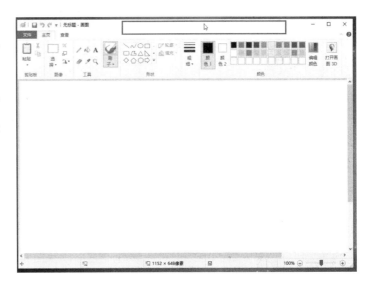

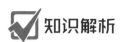

知识解析

调整窗口大小

默认情况下，打开的窗口大小和上次关闭时的大小一样。

技能点 29   调整窗口的位置

【操作目标】

将"画图"窗口移动到屏幕右下角。

【操作步骤】

STEP 01:

将鼠标指针移动到需要调整位置的窗口的标题栏上，鼠标指针此时为单箭头。

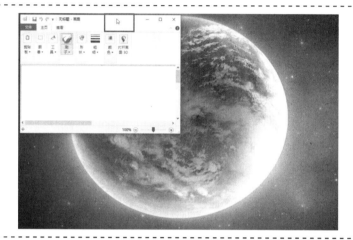

STEP 02:

按住鼠标不放，拖曳至需要放置的位置，松开鼠标，即可完成窗口位置的调整。

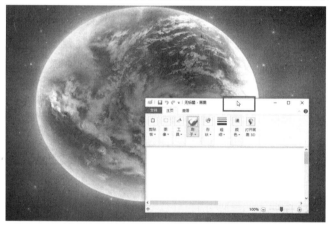

知识解析

调整窗口的位置

将窗口拖曳至屏幕上方边缘，可以实现最大化窗口；将窗口拖曳至屏幕左侧或右侧，窗口将占用屏幕的左侧半屏或右侧半屏空间。

技能点 30   切换窗口

【操作目标】

在"画图"与"IE 浏览器"窗口间进行切换。

【操作步骤】

STEP 01：

每个打开的程序在任务栏上都有一个相应的程序图标按钮。将鼠标指针放在程序图标按钮区域上，即可弹出打开窗口的预览窗口，单击该预览窗口即可打开该窗口，从而实现窗口间的切换。

STEP 02：

利用【Alt+Tab】组合键也可以快速实现各个窗口的快速切换。按住【Alt】键并保持不放，弹出窗口缩略图，然后按【Tab】键可以在不同的窗口之间进行切换，选择需要的窗口后，松开按键，即可打开相应的窗口。

☑ 知识解析

切换窗口

虽然在 Windows 10 系统中可以同时打开多个窗口，但是当前活动窗口只有一个。

另外，按【Alt+Esc】组合键也可在各个窗口之间进行切换，系统将按照任务栏上从左到右的顺序，依次进行选择打开的窗口。

技能点 31　改变窗口的排列方式

【操作目标】

分别用"层叠窗口""堆叠显示窗口"和"并排显示窗口"三种方式来进行窗口排列。

【操作步骤】

STEP 01：

右击任务栏的空白处，在弹出的快捷菜单中选择"层叠窗口"命令。

STEP 02：

此时所有打开的窗口的主体部
分会堆叠到一起，在屏幕上占用较
小的空间。

STEP 03：

右击任务栏的空白处，在弹出
的快捷菜单中选择"堆叠显示窗口"
命令。

STEP 04：

此时打开的窗口将按照横向两
个窗口、纵向平均分布的方式堆叠
排列。

STEP 05：

右击任务栏的空白处，在弹出
的快捷菜单中选择"并排显示窗口"
命令。

STEP 06：

此时打开的窗口将按照横向平均分布的方式并排排列。

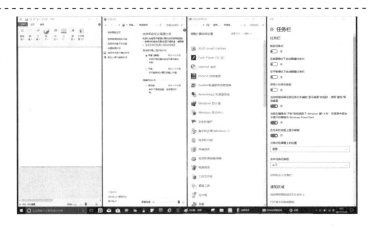

☑ **知识解析**

改变窗口的排列方式

用户根据工作需要，同时打开多个窗口，在多个窗口中进行操作时，窗口的排列、显示方式尤为重要，选择合适的方式有利于提高工作效率。

模块 6　对话框的基本操作

对话框是一种特殊的视窗，包含各种按钮和选项，通过它们可以完成特定的命令或任务。对话框是人机交流的一种方式，用户对"对话框"进行设置，计算机就会执行相应的命令。

技能点 32　Windows 10 对话框的组成

【操作目标】

以 Word "页面设置"对话框为例，认识 Windows 10 对话框的组成。

【操作步骤】

对话框与窗口有区别，它没有最大化、最小化按钮，大多数不能改变形状大小。对话框中有单选按钮、复选框等。

技能点 33 选项卡的切换

【操作目标】

在 Word"页面设置"对话框中切换选项卡。

【操作步骤】

STEP 01：

单击"纸张"选项卡，即可切换到纸张设置界面。

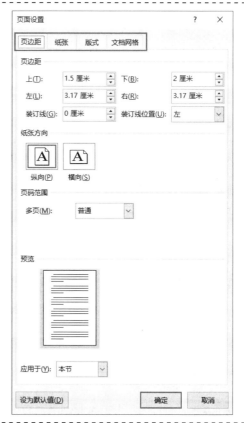

STEP 02：

在"纸张"选项卡中，可以对纸张大小等进行设置。

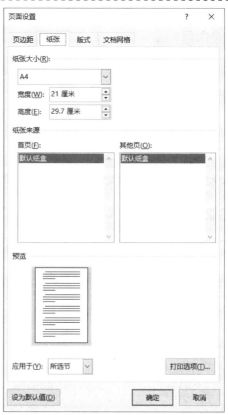

技能点 34　复选框与单选按钮的操作

【操作目标】

在 Word "页面设置" 对话框中，通过复选框设置页眉和页脚，通过单选按钮设置文字方向。

【操作步骤】

STEP 01：

切换至 "版式" 选项卡，同时勾选 "奇偶页不同" 和 "首页不同" 复选框进行页眉和页脚设置。

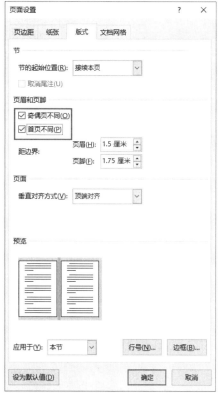

STEP 02：

切换至 "文档网格" 选项卡，单击 "垂直" 单选按钮，调整文字排列的方向。

模块 7 日期和时间设置

在 Windows 10 操作系统中，一般情况下日期和时间是自动设置和更新的。如果系统时间出现了错误，可以通过相应的操作进行更改。为了用户生活和工作的方便，Windows 10 还可以添加不同时区的时钟。

技能点 35 设置系统的时间和日期

【操作目标】

将系统的时间设定为"2018 年 1 月 1 日，21:30"。

【操作步骤】

STEP 01：

右击任务栏的日期与时间区域，并在弹出的快捷菜单中选择"调整日期/时间"命令。

STEP 02：

关闭"自动设置时间"与"自动设置时区"按钮，然后单击"更改"按钮。

STEP 03：

将日期和时间更改为"2018 年 1 月 1 日，21:30"，单击"更改"即可完成设定。

技能点 36　添加附加时钟

【操作目标】

添加"夏威夷时间"，并将其命名为"夏威夷时钟"。

【操作步骤】

STEP 01：

打开"日期和时间"设置，并向下拖曳滚动条，找到"添加不同时区的时钟"选项。

STEP 02：

单击"添加不同时区的时钟"选项，打开"日期和时间"对话框。

STEP 03：

在"附加时钟"选项卡中，勾选"显示此时钟"复选框，并在"选择时区"的下拉菜单中选择"夏威夷"选项。然后，在"输入显示名称"文本框中，输入"夏威夷时钟"，单击"确定"按钮。

STEP 04：

再次单击桌面任务栏右下角的
时间，查看设置效果。

模块 8　鼠标的设置

鼠标是用户和计算机交互过程中不可或缺的工具。鼠标的主次按键分配、灵敏度和鼠标样式的不同设置，会给用户带来不同的体验。

技能点 37　更改鼠标指针形状

【操作目标】

设置鼠标指针为自定义形状。

【操作步骤】

STEP 01：

右击桌面空白处，在弹出的快
捷菜单中选择"个性化"命令。

STEP 02：

弹出"设置"界面，单击"主
页"选项。

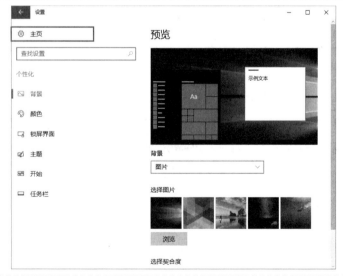

STEP 03：

弹出"Windows 设置"界面，单击"设备"选项。

STEP 04：

弹出"设备"界面，单击"鼠标"选项后，单击"其他鼠标选项"选项。

STEP 05：

以更改"正常选择"鼠标指针形状为例，单击"正常选择"选项，单击"浏览"按钮。

STEP 06:

　向下拖曳"滚动条"，选择
"aero_unavail_xl"图标样式，单击
"打开"按钮。

STEP 07:

　　单击"应用"按钮，即可将"正
常选择"鼠标指针形状更改为
"⊘"符号形状。

技能点 38　更改鼠标按键属性

【操作目标】

进行鼠标按键滚动的设置。

【操作步骤】

STEP 01:

　　右击桌面空白处，在弹出的快
捷菜单中选择"个性化"命令。

STEP 02：

弹出"设置"界面，单击"主页"选项。

STEP 03：

弹出"Windows 设置"界面，单击"设备"选项。

STEP 04：

弹出设备"设置"窗口，单击"鼠标"选项卡后，即可在"鼠标"界面中更改鼠标按键属性。

STEP 05：

单击"选择主按钮"三角形下拉按钮，在下拉列表中进行左、右设置。

STEP 06:

单击"滚动鼠标滚轮即可滚动"三角形下拉按钮，在下拉列表中进行"一次多行"或"一次一个屏幕"设置。

STEP 07:

若选择"一次多行"，可拖曳"设置每次要滚动的行数"下的滚动条设置每次要滚动的行数。

STEP 08:

单击"开/关"按钮，可进行"当我悬停在非活动窗口上方时对其进行滚动"设置。

技能点 39　更改鼠标指针选项

【操作目标】

设置鼠标指针选项。

【操作步骤】

STEP 01:

右击桌面空白处，在弹出的快捷菜单中选择"个性化"命令。

STEP 02：

弹出"设置"界面，单击"主页"选项。

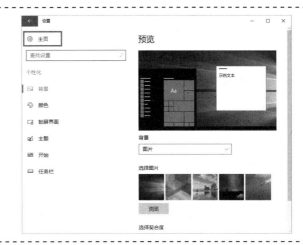

STEP 03：

弹出"Windows 设置"界面，单击"设备"选项。

STEP 04：

弹出设备"设置"界面，单击"鼠标"选项卡后，单击"其他鼠标选项"选项。

STEP 05：

在"鼠标 属性"对话框中单击"指针选项"选项卡，对指针选项进行设置。

STEP 06：

在"选择指针移动速度"中调整"箭头"位置，更改"指针移动速度"设置。

STEP 07：

选中"自动将指针移动到对话框中的默认按钮"复选框，设置之后鼠标会自动移动到对话框中的"确定"或者"取消"按钮。

STEP 08：

分别选择"显示指针轨迹""在打字时隐藏指针""当按 CTRL 键时显示指针的位置"复选框，可对指针的可见性进行设置。

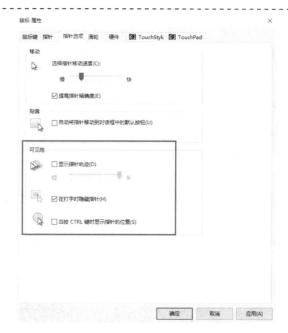

模块 9 | 字体的个性化设置

在 Windows 10 系统中，用户可以根据需要，对字体的相关选项进行设置。用户也可以根据自己的需要安装或删除相应的字体。

技能点 40 字体的安装

【操作目标】

安装已下载的"方正隶书简体"字体。

【操作步骤】

STEP 01：

双击"此电脑→C 盘→Windows→Fonts"选项，打开 Windows 10 的字体文件夹。

STEP 02：

右击已经下载的"方正隶书简体"字体，在弹出的快捷菜单中选择"复制"命令。

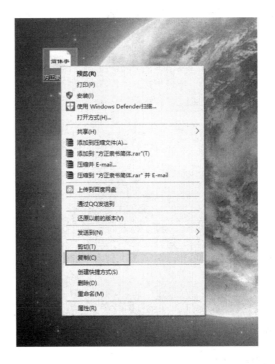

STEP 03：

右击 Windows 10 字体文件夹的空白位置，在弹出的快捷菜单中选择"粘贴"命令。

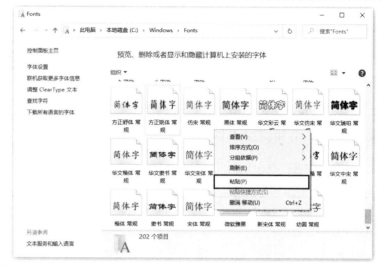

STEP 04：

此时，系统会自动安装"方正隶书简体"字体。

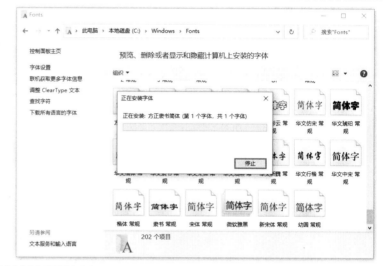

STEP 05：

字体安装完成后，用户可以在各软件中应用"方正隶书简体"字体。

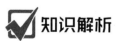 知识解析

安装字体

Windows 10 自带的字体有限，用户如果想在各软件中使用个性化字体，则需要自行下载字体。

技能点 41　字体的删除

【操作目标】

删除已安装的"方正隶书简体"字体。

【操作步骤】

STEP 01：

双击"此电脑→C 盘→Windows→Fonts"图标，打开 Windows 10 的字体文件夹。

STEP 02：

右击想要删除的"方正隶书简体"字体文件，在弹出的快捷菜单中选择"删除"命令。

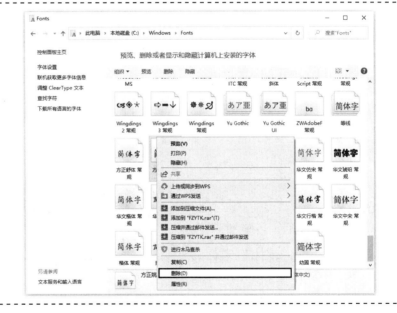

STEP 03：

在弹出的对话框中单击"是"按钮，系统会删除"方正隶书简体"字体。

技能点 42　字体的隐藏与显示

【操作目标】

隐藏/显示"方正姚体"字体。

【操作步骤】

STEP 01：

　　双击"此电脑→C 盘→Windows→Fonts"图标，打开Windows 10 的字体文件夹。

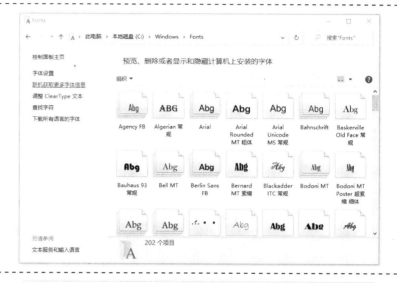

STEP 02：

　　右击想要隐藏的"方正姚体"字体文件，在弹出的快捷菜单中选择"隐藏"命令。

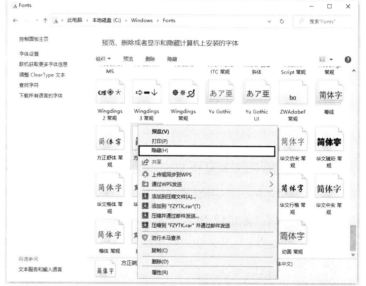

STEP 03：

　　设置完成后，各软件中将不再显示"方正姚体"字体。

STEP 04：

返回 Windows 10 的字体文件夹，右击想要显示的"方正姚体"字体文件，在弹出的快捷菜单中选择"显示"命令。

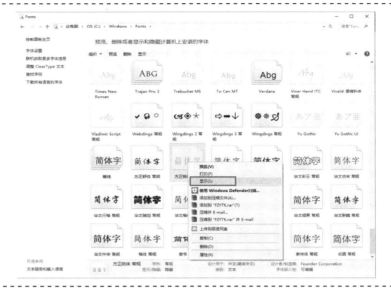

STEP 05：

设置完成后，各软件中将显示"方正姚体"字体。

☑ 知识解析

隐藏/显示字体

若字体过多，用户在进行字体选择时将耗费大量时间，为节省操作时间，用户可将暂时不需要但又不想删除的字体隐藏起来。

习 题 2

一、填空题

1．桌面图标一般由_____和_____组成。

2．当在指定的一段时间内没有使用鼠标或键盘后，_____就会出现在计算机的屏幕上，此程序为移动的图片或图案。

3．任务栏是位于桌面的最底部的长条，主要由_____、_____和_____按钮组成。

4．通知区域里的运行程序是在_____，而不是在_____。

5．单击"所有程序"按钮之后，打开的程序列表是按_____、_____、_____的顺序升序排列的。

6．窗口的最顶端是由"_____"、"_____"和"_____、_____、_____"按钮组成。

7．单击窗口右上角的"_____"按钮，则窗口将扩展到整个屏幕，显示所有窗口内容。

8．可以利用【_____】组合键或者【_____】组合键实现窗口间的切换。

9．对话框是一种_____，包含按钮和各种选项，通过它们可以完成特定命令或任务。

10．_____与窗口有区别，它没有最大化按钮、没有最小化按钮、大多数不能改变形状大小。

二、选择题

1．观察下图，此时桌面背景图片所设置的契合度是（　　　）。

A．居中　　　　　　　　　　　B．拉伸

C．平铺　　　　　　　　　　　D．填充

2．若想要设置屏幕保护程序，则要在个性化设置窗口中单击（　　　）。

A．颜色　　　　　　　　　　　B．锁屏界面

C．主题　　　　　　　　　　　D．背景

3．（　　　）是个性化计算机或通过提供密码保护来增强计算机安全性的一种方式。

A．图标　　　　　　　　　　　B．桌面

C．屏幕保护程序　　　　　　　D．背景

4．任务栏上右边的区域被称为（　　　），也有人称其为系统提示区或系统托盘。

A．通知区域　　　　　　　　　B．开始

    C．程序区域　　　　　　　　　　　D．显示桌面

5．单击任务栏最右端的（　　　）按钮，可最小化所有显示的窗口，实现快速预览桌面。

    A．通知区域　　　　　　　　　　　B．开始

    C．程序区域　　　　　　　　　　　D．显示桌面

6．在窗口标题栏的空白位置（　　　），可以实现窗口的最大化。

    A．双击鼠标左键　　　　　　　　　B．单击鼠标左键

    C．双击鼠标右键　　　　　　　　　D．单击鼠标右键

7．以下不是窗口排列方式的是（　　　）。

    A．平铺窗口　　　　　　　　　　　B．层叠窗口

    C．并排显示窗口　　　　　　　　　D．堆叠显示窗口

8．可单击"Windows 设置"窗口中的（　　　）选项来设置鼠标的样式。

    A．系统　　　　　　　　　　　　　B．设备

    C．个性化　　　　　　　　　　　　D．应用

9．图中设置页眉和页脚显示功能的"□"是对话框窗口中的（　　　）。

    A．选项卡　　　　　　　　　　　　B．单选按钮

    C．复选框　　　　　　　　　　　　D．关闭

> 页眉和页脚
> □ 奇偶页不同(O)
> □ 首页不同(P)

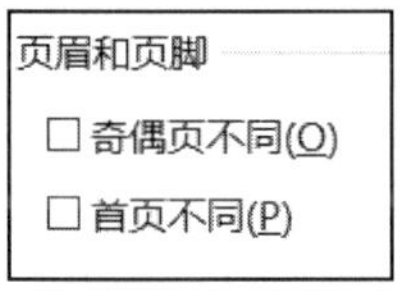

10．图中设置文档网格功能的"○"是对话框窗口中的（　　　）。

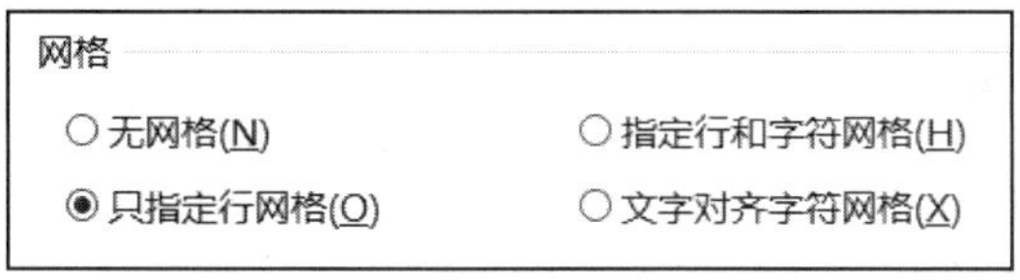

> 网格
> ○ 无网格(N)　　　　　○ 指定行和字符网格(H)
> ◉ 只指定行网格(O)　　○ 文字对齐字符网格(X)

    A．选项卡　　　　　　　　　　　　B．单选按钮

    C．复选框　　　　　　　　　　　　D．关闭

三、简答题

1．如何取消锁定任务栏？

2．简述窗口及其作用。

第3章

使用输入法快速输入文本

　　输入文本是操作计算机的基础。只有输入有效的信息或命令，计算机才能按照我们需要的方式进行运行。因此，掌握文字输入的方法是十分必要的。在 Windows 10 系统中，内置了多种输入法，用户可以根据自己的使用习惯进行选择。同时，用户也可以通过添加搜狗拼音输入法等非内置输入法来提升录入速度。

　　本章介绍了输入法的添加与删除方法，语音识别功能的使用等，并着重介绍了搜狗拼音输入法的使用。

模块 1　认识输入法

　　输入法是指将各种符号输入计算机或其他设备采用的编码方法。如果要把文字录入计算机，就需要掌握一种输入法。Windows 10 系统中内置了多种输入法，这些都可以通过语言栏进行操作。当然，每个用户都有自己的录入习惯，因此，我们可以添加适合自己的输入法或者删除不需要的输入法。

技能点 01　开启语言栏

【操作目标】

　　将语言栏开启。

【操作步骤】

STEP 01：

　　右击任务栏，在弹出的快捷菜单中选择"设置"命令。

STEP 02：

在弹出的"设置"窗口中，单击"任务栏"选项卡，并向下拖曳右侧的滚动条。

STEP 03：

找到"打开或关闭系统图标"选项，并单击它。

STEP 04：

在打开的窗口中，将"输入指示"按钮设置为"开"。

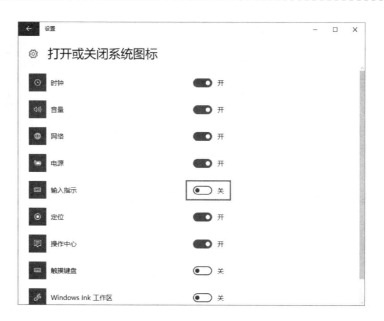

STEP 05：

完成设置后的显示如图
所示。

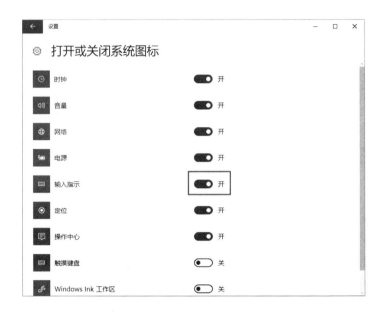

STEP 06：

设置好后，任务栏的最左
侧显示语言栏。

技能点 02　语言栏

【操作目标】

认识语言栏的用途。

【操作步骤】

语言栏通常位于任务栏
的右侧，其主要作用是切换
输入法。单击语言栏上的输
入法图标，即可弹出输入法
列表。

技能点 03　调整语言栏的位置

【操作目标】

将语言栏设置为悬浮效果，并将其移动到屏幕左下方。

【操作步骤】

STEP 01：

右击"开始"按钮，在弹出的快捷菜单中，选择"设置"命令。

STEP 02：

如图所示，单击"时间和语言"选项，弹出时间和语言"设置"窗口。

STEP 03：

首先单击左侧的"语言"选项卡，然后在窗口右侧单击"选择始终默认使用的输入法"选项。

STEP 04:

在高级键盘设置窗口，单击"语言栏选项"选项。

STEP 05:

在弹出的"文本服务和输入语言"对话框中，选择"悬浮于桌面上"单选按钮，并单击"应用"和"确定"按钮。

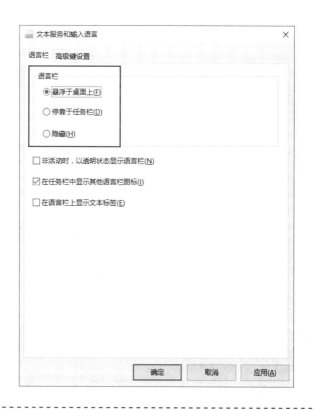

STEP 06:

将悬浮于桌面的语言栏拖曳到桌面的左下角并查看效果。

技能点 04 选择输入法

【操作目标】
选择"微软拼音"输入法。

【操作步骤】

STEP 01：

单击"输入法"图标，在弹出的输入法列表中，选择"微软拼音"输入法。

STEP 02：

完成输入法的选择后查看效果。"微软拼音"输入法在任务栏的显示如图所示。

技能点 05 设置默认的输入法

【操作目标】
将"微软拼音"输入法设置为默认的输入法。

【操作步骤】

STEP 01：

右击"开始"按钮，在弹出的快捷菜单中，选择"设置"命令。

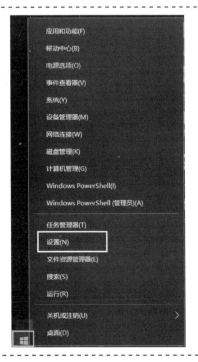

STEP 02：

如图所示，单击"时间和语言"选项。

STEP 03：

首先单击左侧的"语言"选项卡，然后在窗口右侧单击"选择始终默认使用的输入法"选项。

STEP 04：

在"替代默认输入法"的下拉列表里选择"微软拼音"选项。

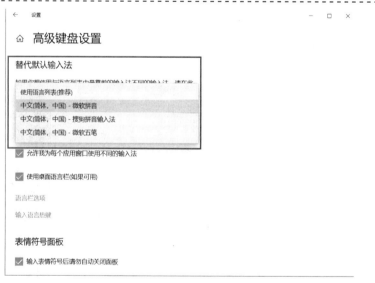

✓ **知识解析**

默认的输入法

默认的输入法是指刚开机时没有进行切换就可直接使用的输入法。我们通常将常用的输入法设置为默认的输入法。

技能点 06 添加/删除系统自带输入法

【操作目标】

添加"微软五笔"输入法，并删除"微软拼音"输入法。

【操作步骤】

STEP 01：

右击"开始"按钮，在弹出的快捷菜单中，选择"设置"命令。

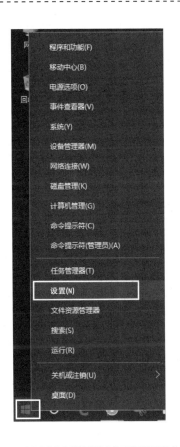

STEP 02：

如图所示，单击"时间和语言"选项。

设置   — □ ×

Windows 设置

查找设置

系统
显示、声音、通知、电源

设备
蓝牙、打印机、鼠标

手机
连接 Android 设备和 iPhone

网络和 Internet
WLAN、飞行模式、VPN

个性化
背景、锁屏、颜色

应用
卸载、默认应用、可选功能

帐户
你的帐户、电子邮件、同步设置、工作、家庭

时间和语言
语音、区域、日期

游戏
游戏栏、截屏、直播、游戏模式

轻松使用
讲述人、放大镜、高对比度

搜索
查找我的文件、权限

Cortana
Cortana 语言、权限、通知

STEP 03：

首先单击窗口左侧的
"语言"选项卡，然后在窗口
右侧中单击"默认应用语言"
选项，最后单击"选项"按钮。

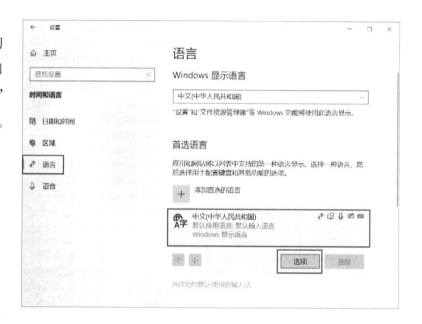

STEP 04：

在打开的"语言选项：中
文（简体，中国）"窗口中，
向下拖曳滚动条。

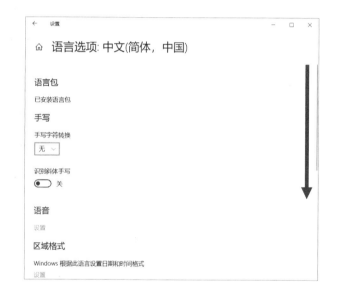

STEP 05：

单击"添加键盘"选项。

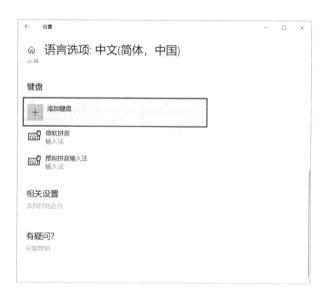

STEP 06：

在弹出的输入法选项中，单击"微软五笔"选项，即可完成"微软五笔"输入法的添加。

STEP 07：

在"语言选项：中文（简体，中国）"窗口单击"微软拼音"输入法，然后单击"删除"按钮，即可删除"微软拼音"输入法。

STEP 08：

最终效果如图所示，已添加"微软五笔"输入法，并已删除"微软拼音"输入法。

模块 2　使用搜狗拼音输入法

　　搜狗拼音输入法是一款汉字拼音输入法。搜狗输入法与传统输入法不同，它采用了搜索引擎技术，是第二代的输入法。由于采用了搜索引擎技术，输入速度有了质的飞跃，在词库的广度、词语的准确度上，搜狗输入法相对优于其他输入法。

技能点 07　安装搜狗拼音输入法

【操作目标】

安装搜狗拼音输入法。

【操作步骤】

STEP 01：

　　在百度网首页的搜索框中输入"搜狗输入法"，单击"百度一下"按钮。

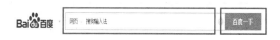

STEP 02：

　　在搜索结果页面中，单击"搜狗输入法-首页"链接。

STEP 03：

　　单击"立即下载"按钮。

STEP 04：

　　确定保存路径后，单击"下载"按钮（本例中是将下载文件保存到桌面）。

STEP 05：

　　双击桌面上的搜狗输入法安装包文件。

STEP 06：

　　弹出"安装"界面，单击"极速安装"按钮。

STEP 07：

　　单击"立即安装"按钮。

STEP 08：

　　等待安装，安装成功后，单击"立即体验"按钮。

STEP 09：

　　安装完成后，当计算机屏幕右下角语言栏自动出现搜狗拼音输入法的"S"形图标，即可使用。

技能点 08　输入汉字

【操作目标】

输入文本"汉字输入练习"。

【操作步骤】

STEP 01：

　　将输入法切换为"搜狗拼音输入法"。

STEP 02：

　　输入拼音"hanzishurulianxi"，此处可连续输入，每个字之间无须加入空格。

> han'zi'shu'ru'lian'xi　　① 工具箱(分号)
> 1.汉字输入联系 　2.汉子　3.汉字　4.憨子　5.汗渍 ‹ › ▼

STEP 03：

　　用鼠标单击想要输入的文本，或按下文本前对应的数字键，即可完成文本的选择。

> 汉字shu'ru'lian'xi　　① 6.搜索：输入联系
> 1.输入联系 　2.输入练习 　3.输入　4.树　5.书 ‹ › ▼

STEP 04：

　　如果所需文本不在前五项，可单击箭头翻页。

> 汉字shu'ru'lian'xi　　① 6.搜索：输入联系
> 1.输入联系 　2.输入练习 　3.输入　4.树　5.书　› ▼

知识解析

输入法切换

　　同时按下【Ctrl+Shift】组合键，可切换输入法。

　　当输入法显示为"中"，即转换成功，即可进行"中文输入"。

　　按下【Shift】键，即可完成中英文转换操作。

技能点 09　利用模糊音输入汉字

【操作目标】

设置模糊音输入汉字。

【操作步骤】

STEP 01：

　　切换至"搜狗拼音输入法"，并右击图标。

> S 中 °, ☺ 🎤 ⌨ 👕 🔧

STEP 02：

　　在弹出的命令菜单中，单击"设置属性"命令。

STEP 03：

在弹出的"属性设置"窗口中，单击"高级"选项。

STEP 04：

单击"模糊音设置"按钮。

STEP 05：

在弹出的"模糊音设置"对话框中，勾选想要的模糊音，或选择"开启智能模糊音推荐"复选框，单击"确定"按钮。

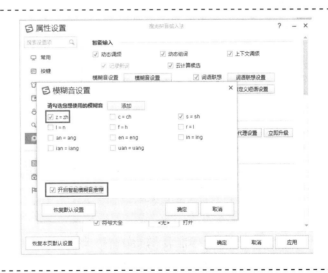

STEP 06：

设置好模糊音后即可使用。

技能点 10　利用 u 模式输入汉字

【操作目标】

利用 u 模式，输入文字"赢""垚""契"。

【操作步骤】

STEP 01：

利用 u 模式输入汉字的前提是使用搜狗拼音输入法。

STEP 02：

以"赢"字为例，我们可以直接输入拼音"ying"，输出"赢"字。

STEP 03：

如果不认识"赢"字，可以用"搜狗拼音输入法"先输入字母"u"。

STEP 04：

在输入"u"后，然后将"赢"字拆分为"亡+口+月+贝+凡"，并输入相应拆分字的拼音，即"uwangkouyuebeifan"。

STEP 05：

用同样的方法输入"垚""契"字。

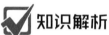 **知识解析**

搜狗拼音输入法的 u 模式

搜狗拼音输入法的 u 模式是专门为用户输入不会读的字所设计的，方便简单。

技能点 11　利用笔画筛选输入汉字

【操作目标】

用笔画筛选功能快速输入"珍"。

【操作步骤】

STEP 01：

将输入法切换为搜狗拼音输入法。

STEP 02：

输入拼音"zhen"，需要上下翻
页才可找到"珍"字。

STEP 03：

在不翻页的基础上找到"珍"
字，按一下【Tab】键，依次输入"hh"，
即可找到此字。

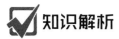 **知识解析**

搜狗拼音输入法可利用笔画筛选功能输入汉字

搜狗拼音输入法的笔画筛选功能用于输入单字时，用笔顺来快速定位该字。使用
方法是输入一个字或多个字后，按下【Tab】键（【Tab】键如果是翻页的话也不受影
响），然后用 h（横）、s（竖）、p（撇）、n（捺）、z（折）依次输入第一个字的笔
顺拼音首字母，一直找到该字为止。

例如：若第一次输入化学中的"烯酸"两个字。使用翻页的方式，则最少需要翻 5
页，即单击 5 下键盘或鼠标。

（翻页前）

（翻页后）

若使用笔画筛选输入方式，则只需要按一下【Tab】键，然后依次输入"np"就可
以找到这个字了。

技能点 12　　利用 v 模式输入文本

【操作目标】

利用 v 模式，将"123"快速转换为"一百二十三"。

【操作步骤】

STEP 01：

打开"搜狗拼音输入法"。

STEP 02：

输入"v"，可出现提示，输入不同类型的文字，可进行不同类型的转换。

STEP 03：

数字转换，输入"v"加"123"，可自动出现不同形式的"123"，实现由数字到汉字的快速转换。

 知识解析

<table>
<tr><td colspan="4" align="center">搜狗拼音输入法的 v 模式</td></tr>
</table>

转换类型	功　能	举　例	结　果
数字转换	自动出现不同形式的数字	v123	壹佰贰拾叁
日期转换	自动出现不同形式的"日期"	v2017.12.19	二〇一七年十二月十九日（星期二）
算式转换	自动出现不同形式的"算式"	v1+1	1+1=2
函数转换	自动出现不同形式的"函数"	v2^3	2^3=8

注：此处均取第二种可选结果。

技能点 13　利用网址输入模式输入网址

【操作目标】

利用网址输入模式快速输入华信教育资源网网址。

【操作步骤】

STEP 01：

打开"搜狗拼音输入法"。

STEP 02：

　　输入"www"后自动进入英文
输入状态，随后录入"hxedu.com.cn"。

技能点 14　输入日期

【操作目标】

　　利用搜狗拼音输入法，快速输入当前日期、时间、星期。

【操作步骤】

STEP 01：

　　打开"搜狗拼音输入法"。

STEP 02：

　　输入"rq"，自动出现不同格式
的日期。

STEP 03：

　　输入"sj"，自动出现不同格式
的日期时间。

STEP 04：

　　输入"xq"，自动出现不同格式
的星期。

技能点 15　利用 i 模式更换皮肤

【操作目标】

　　利用 i 模式更换输入法皮肤。

【操作步骤】

STEP 01：

　　打开"搜狗拼音输入法"。

STEP 02：

　　输入"i"，可出现提示"默认皮肤"，单击列表中皮肤即可更换皮肤。也可单击"更多皮肤"链接，获取更多在线皮肤。

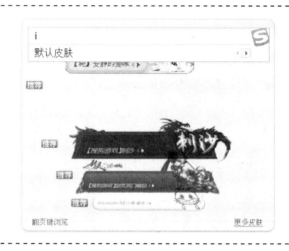

模块 3　使用语音识别功能输入

　　Windows 10 系统的语音识别功能可替代键盘和鼠标，用户可以通过语音来控制计算机。计算机内包含了简单的指令教程以帮助用户熟悉语音识别功能，还提供训练功能，可提高语音识别的准确性。该语音识别功能支持多种语言，包括英语（美国和英国）、西班牙语、德语、法语、日语和中文（简体和繁体）。

技能点 16　启动并设置语音窗口

【操作目标】
开启语音识别功能。

【操作步骤】

STEP 01：

　　在任务栏检索栏内输入"语音识别"，搜索此功能。

STEP 02：

在弹出的"语音识别"窗口中，单击"启动语音识别"选项。

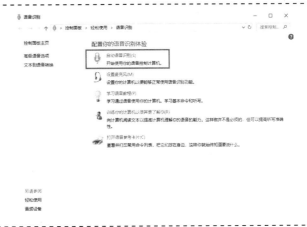

STEP 03：

在弹出的"设置语音识别"界面中，单击"下一步"按钮。

STEP 04：

此时，要确保麦克风已正确插入计算机，然后在向导窗口中选择麦克风类型，选择"头戴式麦克风"或"桌面麦克风"单选按钮，单击"下一步"按钮。

STEP 05：

在弹出的"设置麦克风"界面中，单击"下一步"按钮。

STEP 06：

在弹出的"调整麦克风（High Definition Audio 设备）的音量"界面中，大声朗读完界面给出的文字后，单击"下一步"按钮。

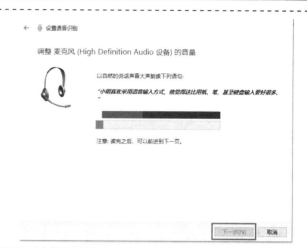

STEP 07：

在弹出的"现在已设置好你的麦克风"界面中，单击"下一步"按钮。

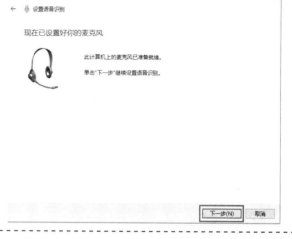

STEP 08：

在弹出的"改进语音识别的精确度"界面中，选择"启用文档审阅"单选按钮，单击"下一步"按钮。

STEP 09：

在弹出的"选择激活模式"界面中，选择"使用手动激活模式"单选按钮，单击"下一步"按钮。

STEP 10：

在弹出的"打印语音参考卡片"界面中，单击"下一步"按钮。

STEP 11：

在弹出的"每次启动计算机时运行语音识别"界面中，选择"启动时运行语音识别"复选框，单击"下一步"按钮。

STEP 12：

在弹出的"现在可以通过语音来控制此计算机"界面中，选择"开始教程"按钮。

STEP 13：

安装成功后，桌面会出现语音识别功能操作界面。

技能点 17　使用语音识别功能输入文字

【操作目标】

利用语音识别功能在 Word 中输入"开始使用语音识别"。

【操作步骤】

STEP 01:

打开桌面"语音识别"操作界面。

STEP 02:

打开 Word 界面，单击，语音说出"开始使用语音识别"，在 Word 中即可通过语音识别自动输入"开始使用语音识别"汉字。

知识解析

利用语音识别功能打开应用程序

利用语音识别功能不仅可以录入文字，也可以打开程序。例如，开启语音识别功能后，当用户说出"打开写字板"后，计算机就会自动打开"写字板"程序。

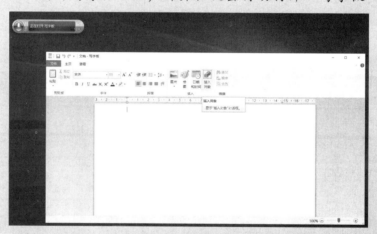

习 题 3

一、填空题

1. 搜狗拼音输入法与传统输入法不同，采用了_____，是_____的输入法。

2. "垚"字利用搜狗拼音输入法中的汉字搜索功能，应输入 _____。

3. 语言栏是指电脑右下角的输入法，其主要作用是用来进行_____的。

4. _____是刚开机时没有进行切换就可使用的输入法。

5. _____模式是专门为输入不会读的字所设计，方便简单。

6. 若第一次输入化学中的"烯酸"两个字。使用翻页的方式，则最少需要翻 5 页，即单击键盘或鼠标 5 下。若使用笔画筛选输入方式，则只需要按一下【____】键，然后依次输入"_____"即可找到这个字。

7．笔画筛选输入汉字中，＿＿＿＿代表横，＿＿＿＿代表竖，＿＿＿＿代表撇，＿＿＿＿代表捺，＿＿＿＿代表折。

8．利用语音识别功能不仅能录入文字，也可以＿＿＿＿＿＿。

9．安装语音识别功能后，桌面会出现"＿＿＿＿＿＿＿"操作界面。

10．当输入法显示为"＿＿＿＿＿"，即转换成功，即可进行"中文输入"。

二、选择题

1．搜狗输入法中，（　　）模式是专门为输入不会读的字所设计，方便简单。

    A．u   B．i   C．v   D．p

2．（　　）组合键，可以切换输入法。

    A．Shift+Ctrl   B．Shift+Alt   C．Shift+Ctrl+Alt D．Ctrl+Alt

3．按下（　　）键，即可完成中英文转换操作。

    A．Ctrl   B．Shift   C．Ctrl+Alt   D．Alt

4．在笔画筛选输入汉字中，（　　）代表撇。

    A．h   B．s   C．p   D．n

5．搜狗输入法与传统输入法不同的是，采用了搜索引擎技术，是第（　　）代的输入法。

    A．一   B．二   C．三   D．四

6．利用（　　）模式，将"123"快速转换为"一百二十三"。

    A．u   B．i   C．v   D．p

7．利用搜狗拼音输入法，输入（　　）快速输入当前日期。

    A．rq   B．sj   C．xq   D．kl

8．利用（　　）模式更换输入法皮肤。

    A．u   B．i   C．v   D．p

9．在笔画筛选输入汉字中，（　　）代表捺。

    A．h   B．s   C．p   D．n

10．"v2^4"代表（　　）。

    A．8   B．16   C．4   D．2

三、简答题

1．请写出 Windows 10 语音功能打开"写字板"应用的步骤。

2．根据搜狗拼音输入法的 v 模式填写下表。

转 换 类 型	功　　能	举　　例	结　　果
数字转换			
日期转换			
算式转换			
函数转换			

第4章

文件与文件夹的管理

模块 1 　认识文件与文件夹

计算机是用于处理信息的工具。在计算机系统管理中，信息是以文件的形式进行保存的，不同类型的信息具有不同的文件格式。为便于信息管理，可以将文件放置于不同的文件夹中。文件和文件夹对于计算机操作来说是经常使用的对象，只有了解文件与文件夹的基础知识，用户才能更好地对文件和文件夹进行管理。

对文件和文件夹的管理主要包括浏览、查看、新建、选中、重命名、复制、移动、删除文件和文件夹等。

技能点 01 　认识文件

【认知目标】

认识文本、图片、数据、压缩、音频等文件。

【认知内容】

POINT 01：

文本文件，一种由若干行字符构成的文件。

速课平台的使　　注释【必读】.txt　　剪辑软件-注
用.txt　　　　　　　　　　　　　　册.txt

POINT 02：

图片文件，描绘一幅图像的文件，图片文件的格式有十余种之多。

IMG_1267　　　　IMG_1268　　　　IMG_1283

POINT 03：

数据文件，操作系统中存放和处理数据的文件。

2018年工资收入　公司业绩统计　数据处理结果

POINT 04：

压缩文件，经过压缩软件压缩的文件。

2018年工资收入　新建 Microsoft　新建文件夹
　　　　　　　　Excel 工作表

POINT 05：

音频文件，存储声音及音乐的一类文件。音频文件是互联网多媒体中重要的一类文件。

梁山伯与茱丽叶.　两个人的烟火.　林俊杰 - 不潮不
　mp3　　　　　mp3　　　　　用花钱.mp3

📋 知识解析

文件的特征：

（1）唯一性。在计算机中同一磁盘的同一文件夹下，不允许存在名称相同的文件。

（2）固定性。文件一般都存放在某个固定的磁盘、文件夹和子文件夹中，即文件有固定的路径。

（3）可移动性。用户可将一个文件从一个文件夹移动到另一个文件夹、另一个磁盘或另一台计算机中。

（4）可修改性。用户可以对文件进行修改。

技能点 02　认识文件夹

【认知目标】

认识文件夹和文件夹的树形结构。

【认知内容】

POINT 01：

文件夹是用于存储文件的容器，也称为目录。为了将信息分类存放以便于查找，可将文件按类别存放于不同的文件夹中。

My eBooks　　　PPTV　　　QQPetBear　　　samsung

Tencent Files　暴风影视库　我接收到的文件

POINT 02：

一个文件夹既可以包含文件，也可以包含下一级文件夹(子文件夹)。资源管理器中文件夹的树形结构，如右图所示。

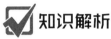 **知识解析**

文件夹的特征：

（1）嵌套性。一个文件夹可以嵌套在另一个文件夹中，即一个文件夹可以包含多个子文件夹。

（2）可移动性。用户可将一个文件夹移动到另一个文件夹、另一个磁盘或另一台计算机中，还可以删除文件夹中的内容。

（3）空间任意性。在磁盘空间足够的情况下，用户可以把任意多的内容存放至文件夹中。

技能点 03　文件的主名与扩展名

【认知目标】

认识文件名、扩展名及文件扩展名的查看。

【认知内容】

POINT 01：

在 Windows 10 系统中，任何一个文件都有文件名。

POINT 02：

文件名通常由主文件名和扩展名两部分组成。

POINT 03：

主文件名用来标注文件的名字，是用户给文件起的名字。

POINT 04：

扩展名用来注明文件的类型，不可改变。

目录docx

POINT 05：

通常系统隐藏了文件的扩展名，只显示主文件名，如右图所示，文件不显示扩展名。

15-16（上）课程　　2015Word综合　　20141122_1605
表9.7 (1)　　　　　　实训1　　　　　　　23

20141122_1641　　电工基础课件
35

POINT 06：

在文件夹窗口中，切换至"查看"选项卡，勾选"文件扩展名"复选框，用户即可查看文件的扩展名，如右图所示，文件显示了扩展名。

15-16（上）课程　　2015Word综合　　20141122_1605
表9.7 (1).xls　　　实训1.rar　　　　　23.jpg

20141122_1641　　电工基础课件.
35.jpg　　　　　　ppt

☑ 知识解析

给文件命名要遵循以下规则：

（1）文件名最多可以使用 255 个字符，也可以使用英文、数字、汉字及大部分符号作为文件的名字。

（2）文件名不能用 "\" "/" "：" "*" "？" "″" "<" ">" "|" 等符号。

（3）文件名开头不能为空格。

（4）文件名不区分大小写。

（5）同一文件夹中不能有相同的文件名。

技能点 04　文件的类型

【认知目标】

认识常见类型的扩展名。

【认知内容】

POINT 01：

  Windows 10 系统中存储着各种类型的文件。

POINT 02：

  扩展名为 ".rmvb" 的文件是影像文件。

POINT 03：

  扩展名为 ".rar" 的文件是压缩文件。

POINT 04：

  扩展名为 ".txt" 的文件是文本文件。

POINT 05：

  扩展名为 ".exe" 的文件是可执行的程序文件。

POINT 06：

  每个文件都可以通过一种或多种扩展名格式保存在 Windows 10 系统中。

☑ 知识解析

文件的扩展名用于指示文件类型。

Windows 10 中常见的文件扩展名与文件类型关系：

.avi	影像文件	.fon	字库文件
.txt	文本文件	.hlp	帮助文件
.bat	批处理文件	.htm	网页文件
.bmp	位图文件	.ini	系统配置文件
.com	系统命令文件	.docx	Word 文档文件
.dll	动态链接库文件	.mid	MIDI 音乐文件
.exe	可执行的程序文件	.sys	系统文件
.wav	音波文件	.zip	压缩文件
.rmvb	影像文件	.rar	压缩文件

模块 2　文件和文件夹的浏览与查看

Windows 10 提供了多种浏览文件与文件夹的方式。例如，在计算机、资源管理器等窗口界面中都可以进行浏览查看，并且可以使用多种排列方式，方便用户进行查看。

技能点 05　查看文件和文件夹

【操作目标 1】

通过"此电脑"窗口的导航窗格和主界面，访问硬盘上的文件和文件夹。

【操作步骤】

STEP 01：

在桌面上双击"此电脑"图标，打开"此电脑"窗口。

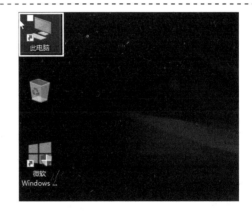

STEP 02：

在"此电脑"窗口，双击"图片"图标。

STEP 03：

在弹出的"图片"窗口中，可以查看硬盘上的文件。

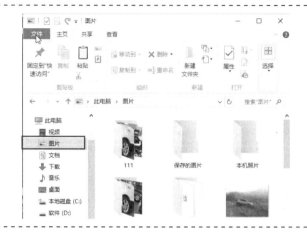

STEP 04：

在左侧导航窗格中，可以看到大部分系统默认目录。

STEP 05：

在"此电脑"的地址栏中，单击任意目录右侧的黑色下拉箭头，可以直接跳转到对应的文件夹。

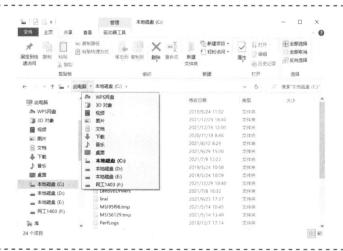

【操作目标 2】

使用资源管理器查看所有文件和文件夹组成的树形文件系统结构。

【操作步骤】

STEP 01：

在桌面单击"开始"按钮，在打开的程序列表中，选择"文件资源管理器"选项。

STEP 02：

在打开的"文件资源管理器"窗口中，可以看到操作系统提供的树形文件系统结构，用户可以非常方便地查看计算机中的文件和文件夹。

知识解析

如果查看窗口没有导航窗格，用户可以在"查看"选项卡下，勾选"导航窗格"下拉列表中的"导航窗格"选项即可显示。

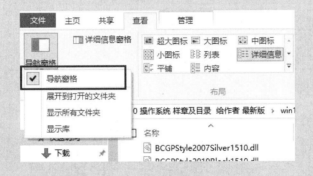

单击状态栏中的"文件资源管理器"图标，即可打开"文件资源管理器"窗口界面。

技能点 06　更改文件和文件夹的查看方式

【操作目标 1】

在窗口功能区更改文件和文件夹的查看方式为"中图标"。

【操作步骤】

STEP 01：

打开要查看文件和文件夹的窗口，在功能区中切换到"查看"选项卡。

STEP 02：

查看"布局"组，可以看到文件和文件夹的布局方式，如"超大图标""大图标""中图标"等，选择"中图标"选项，然后可以看到显示结果。

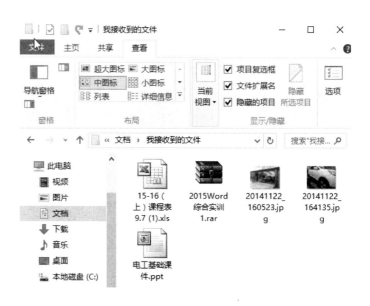

【操作目标 2】

应用快捷菜单更改文件和文件夹的查看方式为"列表"。

【操作步骤】

STEP 01：

右击文件视图主界面空白处，在弹出的快捷菜单中单击"查看"选项。

STEP 02：

在"查看"选项弹出的子菜单中选择"列表"选项，查看显示结果。

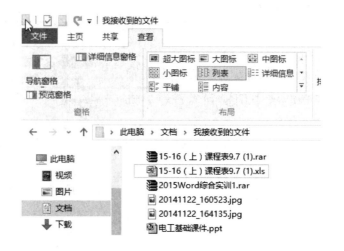

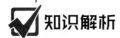知识解析

在窗口中，按住【Ctrl】键的同时，上下滚动鼠标滚轮，窗口中的文件和文件夹将自动切换各种查看方式，切换到需要的查看方式时，松开【Ctrl】键即可。

超大图标、大图标、中等图标、小图标：通过不同的图标大小来显示文件，方便用户查看。

列表：将图标按列进行排列，方便查找文件。

详细信息：除了"列表"显示方式所显示的信息外，还能显示文件的大小，类型和修改信息等。

平铺：直接显示文件及文件夹的图标和信息，简单直观。

内容：主要显示修改日期和大小等信息。

技能点 07　更改文件和文件夹的排序方式

【操作目标 1】

在窗口功能区更改文件和文件夹的排序方式为"大小"。

【操作步骤】

STEP 01：

打开要查看的文件和文件夹窗口，在功能区中切换到"查看"，选择"排序方式"按钮。

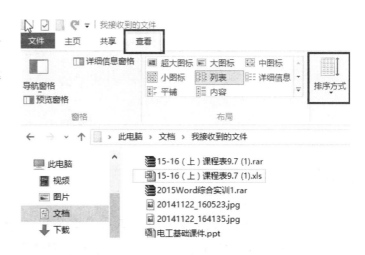

STEP 02：

单击"排序方式"按钮，在弹出的下拉列表中可以看到文件和文件夹的排序方式有"名称""修改日期""类型""大小"等，选择"大小"选项，查看排序后的结果。

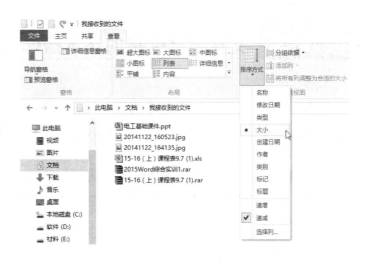

【操作目标 2】

应用快捷菜单更改文件和文件夹的排序方式为"大小"。

【操作步骤】

STEP 01:

右击文件显示列表界面空白处，在弹出的快捷菜单中选择"分组依据"选项。

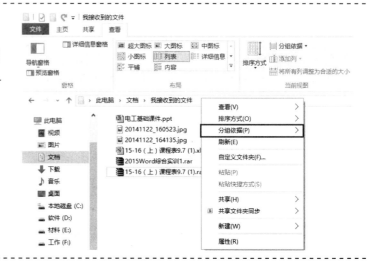

STEP 02:

在"分组依据"选项弹出的子菜单中选择"大小"选项。

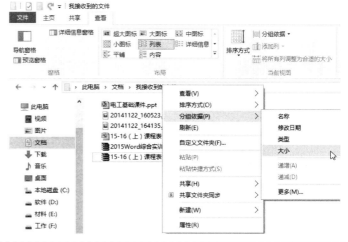

✓ 知识解析

如果要选择的排序方式不在这几个选项中，那么还可以单击"更多"选项，弹出"选择详细信息"对话框，在"详细信息"列表框中选择需要的选项。

模块 3 文件和文件夹的基本操作

了解文件和文件夹的查看方式后，还需要熟悉文件和文件夹的基本操作，如文件和文件夹的创建、选中、重命名、复制、移动等，以便对文件和文件夹进行管理操作。

技能点 08 新建文件夹

【操作目标 1】

使用快速启动栏按钮新建文件夹。

【操作步骤】

STEP 01：

　　单击窗口左上角快速启动工具栏中的"新建文件夹"按钮。

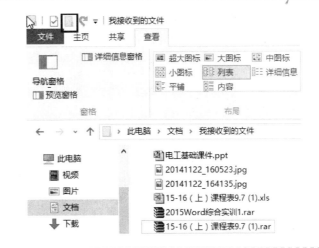

STEP 02：

　　此时，出现了"新建文件夹"图标，文件夹名称为可编辑状态，输入文件夹名称后，单击任意位置即可。

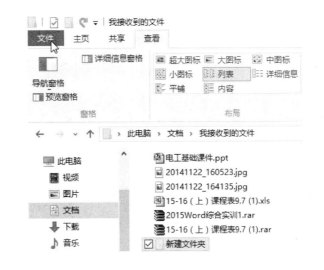

【操作目标 2】

使用快捷菜单新建文件夹。

【操作步骤】

STEP 01：

　　在要新建文件夹的窗口空白处右击，在弹出的快捷菜单中选择"新建"选项，然后在弹出的子菜单中选择"文件夹"选项。

STEP 02：

此时，出现了"新建文件夹"图标，文件夹名称为可编辑状态，输入文件夹名称后，单击任意位置即可。

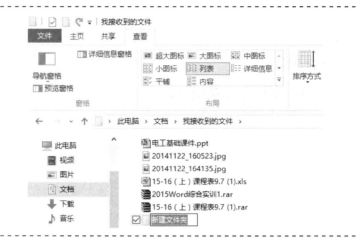

【操作目标 3】

利用功能区新建文件夹。

【操作步骤】

STEP 01：

单击窗口功能区中"主页"选项卡"新建"组中的"新建文件夹"图标按钮。

STEP 02：

此时，出现了"新建文件夹"图标，文件夹名称为可编辑状态，输入文件夹名称后，单击任意位置即可。

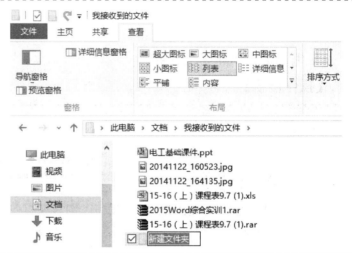

技能点 09　选中文件或文件夹

【操作目标 1】

选中一个文件或文件夹。

【操作步骤】

使用鼠标单击要选中的文件或文件夹即可。

【操作目标2】

选中连续的文件或文件夹。

【操作步骤】

STEP 01：

单击要选择的连续文件或文件夹中的第一个文件或文件夹。

STEP 02：

按住【Shift】键不放，单击要选择的连续文件或文件夹中的最后一个文件或文件夹，即可选中连续的文件或文件夹。

【操作目标3】

选中不连续的文件或文件夹。

【操作步骤】

STEP 01：

单击要选择的不连续文件或文件夹中的第一个文件或文件夹。

STEP 02：

按住【Ctrl】键不放，单击要选择的文件或文件夹，即可选中所有不连续的文件或文件夹。

【操作目标 4】

选中相邻的文件或文件夹。

【操作步骤】

STEP 01：

在要选择的文件或文件夹最左侧的空白处单击鼠标不放，然后拖动鼠标框选要选择的所有文件或文件夹。

STEP 02：

松开鼠标后，即可看到选中了相邻的文件或文件夹。

【操作目标5】

选中全部的文件或文件夹。

【操作步骤】

STEP 01:

在窗口中按【Ctrl+A】组合键，即可选中窗口中的全部文件或文件夹。

STEP 02:

在窗口功能区的"主页"选项卡中，单击"选择"组中的"全部选择"按钮，也可以选中窗口中的全部文件或文件夹。

技能点 10　重命名文件或文件夹

【操作目标1】

利用快捷菜单重命名文件或文件夹。

【操作步骤】

STEP 01:

右击要重命名的文件或文件夹图标，在弹出的快捷菜单中选择"重命名"选项。

STEP 02：

此时文件或文件夹名称变为可编辑状态，可直接删除原来的文件或文件夹名称。

STEP 03：

输入文件或文件夹的新名称，然后按【Enter】键或单击空白处，即可完成为文件或文件夹重命名的操作。

STEP 04：

文件或文件夹重命名完成后，查看重命名后的文件或文件夹。

【操作目标 2】

利用功能按钮重命名文件或文件夹。

【操作步骤】

STEP 01：

在菜单栏中的"主页"选项卡中，单击"重命名"按钮。

STEP 02：

此时文件或文件夹名称变为可编辑状态，可直接删除原来的文件或文件夹名称。

STEP 03：

输入文件或文件夹的新名称，然后按【Enter】键或单击空白处，即可完成为文件或文件夹重命名的操作。

STEP 04：

文件或文件夹重命名完成后，查看重命名后的文件或文件夹。

☑ 知识解析

　　还可以选中要重命名的文件或文件夹，单击文件或文件夹名称，文件或文件夹名称变为可编辑状态，此时也可进行重命名操作。需要注意的是，选中文件或文件夹后，停顿一小段时间后再单击文件或文件夹名称，如果两次单击操作间隔过短，那么系统会认为是双击操作。

技能点11　创建文件夹快捷方式

【操作目标 1】

在同一个窗口中为文件夹创建快捷方式。

【操作步骤】

STEP 01：

右击要创建快捷方式的文件夹，在弹出的快捷菜单中选择"创建快捷方式"选项。

STEP 02：

在同一窗口中为一个文件夹创建快捷方式后，查看该文件夹的快捷方式。

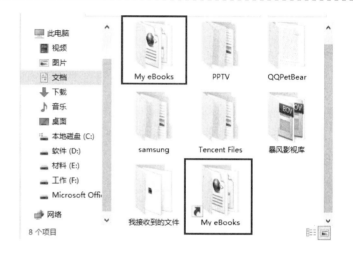

【操作目标 2】

为文件夹创建桌面快捷方式。

【操作步骤】

STEP 01：

右击要创建快捷方式的文件夹，在弹出的快捷菜单中选择"发送到"选项，然后在弹出的子菜单中选择"桌面快捷方式"选项。

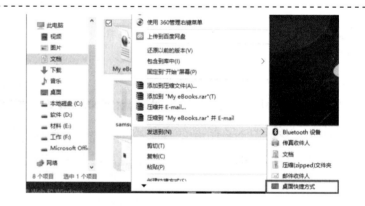

STEP 02：

在桌面上创建文件夹的快捷方式后，查看该文件夹的快捷方式。

【操作目标3】

通过拖动方式，为目标文件夹创建快捷方式。

【操作步骤】

STEP 01：

在要创建快捷方式的文件夹上右击并拖动鼠标，当拖动到目标位置后，松开鼠标右键，弹出快捷菜单，选择"在当前位置创建快捷方式"选项。

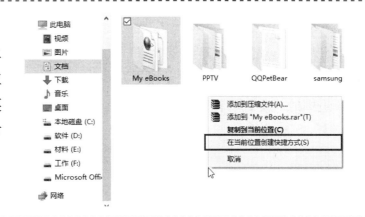

STEP 02：

在目标位置创建完成一个文件夹的快捷方式，查看该文件夹的快捷方式。

【操作目标4】

通过复制粘贴的方式为目标文件夹创建快捷方式。

【操作步骤】

STEP 01：

右击要创建快捷方式的文件夹，在弹出的快捷菜单中选择"复制"选项。

STEP 02：

在目标位置右击，在弹出的快捷菜单中选择"粘贴快捷方式"选项，即可创建文件夹快捷方式。

【操作目标 5】

通过剪切板为目标文件夹创建快捷方式。

【操作步骤】

STEP 01：

选中要创建快捷方式的文件夹，单击窗口功能区中"剪贴板"选项组中的"复制"图标按钮。

STEP 02：

单击目标位置窗口功能区中"剪贴板"选项组中的"粘贴快捷方式"按钮，创建文件夹快捷方式。

技能点12　复制文件或文件夹

【操作目标 1】

通过弹出的快捷菜单复制文件或文件夹。

【操作步骤】

STEP 01：

右击要复制的文件或文件夹，在弹出的快捷菜单中选择"复制"选项。

STEP 02：

右击目标位置，在弹出的快捷菜单中选择"粘贴"选项，即可复制文件或文件夹。

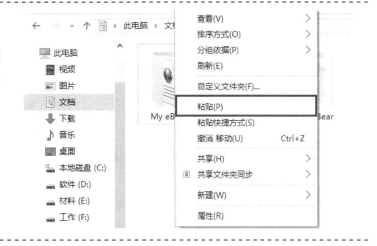

【操作目标2】

通过功能区菜单复制文件或文件夹。

【操作步骤】

STEP 01：

选中要复制的文件或文件夹，单击窗口功能区中"主页"选项卡"剪贴板"组中的"复制"按钮。

STEP 02：

右击目标位置，在弹出的快捷菜单中选择"粘贴"选项即可。

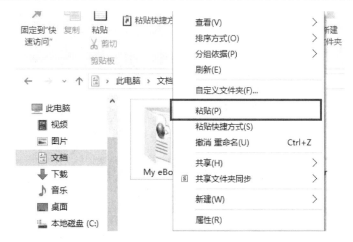

STEP 03：

或是单击目标位置窗口功能区中"主页"选项卡"剪贴板"组中的"粘贴"按钮。

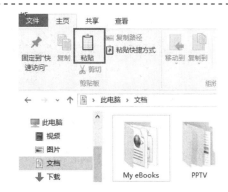

【操作目标 3】

通过"复制到"按钮复制文件或文件夹。

【操作步骤】

STEP 01：

选中要复制的文件或文件夹，单击窗口功能区中"主页"选项卡"组织"组中的"复制到"按钮，在弹出的下拉列表中选择目标位置。

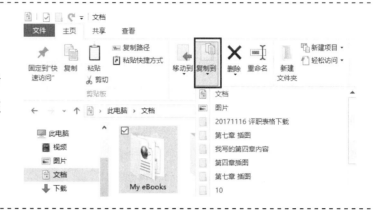

STEP 02：

或是选择"选择位置"选项，在弹出的"复制项目"对话框中选择目标位置。

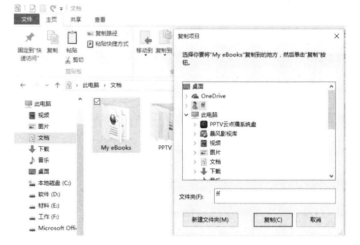

【操作目标 4】

通过鼠标拖动复制文件或文件夹。

【操作步骤】

STEP 01：

选中要复制的文件或文件夹，然后在按住【Ctrl】键的同时，拖动文件或文件夹。

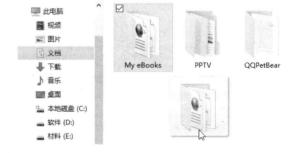

STEP 02：

当拖动到目标位置后，松开鼠标，即可复制选中的文件或文件夹。

【操作目标5】

通过快捷键复制文件或文件夹。

【操作步骤】

选中要复制的文件或文件夹，按【Ctrl+C】组合键，复制选中的文件或文件夹，然后在目标位置按【Ctrl+V】组合键，将其粘贴到目标位置。

 知识解析

复制文件或文件夹是指将文件或文件夹从原来位置复制到目标位置，且原位置的文件或文件夹依然保留。

技能点13 移动文件或文件夹

【操作目标1】

通过右击弹出的快捷菜单移动文件或文件夹。

【操作步骤】

STEP 01：

右击要移动的文件或文件夹，在弹出的快捷菜单中选择"剪切"选项。

STEP 02：

在目标位置右击，在弹出的快捷菜单中选择"粘贴"选项，即可移动文件或文件夹到当前位置。

【操作目标 2】

通过选项卡菜单移动文件或文件夹。

【操作步骤】

STEP 01：

选中要移动的文件或文件夹，单击窗口功能区中"主页"选项卡"剪贴板"组中的"剪切"按钮。

STEP 02：

右击目标位置，在弹出的快捷菜单中选择"粘贴"选项即可。

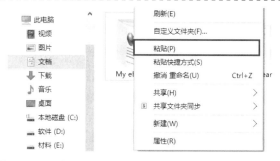

STEP 03：

或是单击目标位置窗口功能区中"主页"选项卡"剪贴板"组中的"粘贴"按钮。

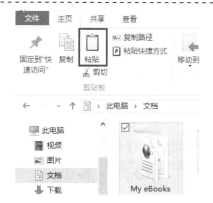

【操作目标 3】

通过"移动到"按钮移动文件或文件夹。

【操作步骤】

STEP 01：

选中要移动的文件或文件夹，单击窗口功能区中"主页"选项卡"组织"组中的"移动到"按钮，在弹出的下拉列表中选择目标位置。

STEP 02：

或是选择"选择位置"选项，在弹出的"移动项目"对话框中选择目标位置。

【操作目标 4】

通过鼠标拖动移动文件或文件夹。

【操作步骤】

STEP 01：

选中要移动的文件或文件夹，按住鼠标左键拖动文件或文件夹。

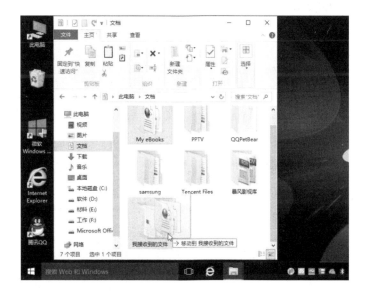

STEP 02：

当拖动到目标位置后，松开鼠标，即可移动选中的文件或文件夹到当前位置。

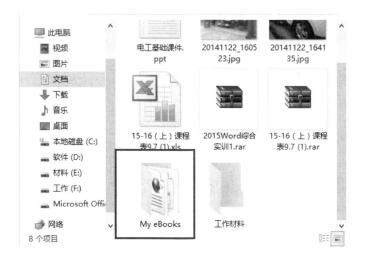

【操作目标5】

通过快捷键移动文件或文件夹。

【操作步骤】

选中要移动的文件或文件夹，按【Ctrl+X】组合键，剪切选中的文件或文件夹，然后在目标位置按【Ctrl+V】组合键，将其粘贴到目标位置。

 知识解析

移动文件或文件夹的方法与复制文件或文件夹的方法相似，但是移动文件或文件夹后，原文件夹中不存在被移动的文件或文件夹。

技能点14   删除文件或文件夹

【操作目标1】

通过右击弹出的快捷菜单删除文件或文件夹。

【操作步骤】

右击要删除的文件或文件夹，在弹出的快捷菜单中选择"删除"选项即可。

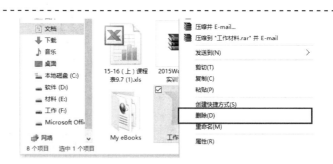

【操作目标2】

通过选项卡的"删除"按钮删除文件或文件夹。

【操作步骤】

STEP 01：

选中要删除的文件或文件夹，单击窗口功能区中"主页"选项卡"组织"组中的"删除"按钮。

STEP 02：

　　单击"删除"按钮，弹出下拉列表。选择"回收"则文件或文件夹被删除到回收站中，选择"永久删除"则文件或文件夹被永久删除。

【操作目标 3】
　　通过快捷键删除文件或文件夹。
【操作步骤】

　　选中要删除的文件或文件夹，按【Delete】键或【Ctrl+D】组合键即可。

【操作目标 4】
　　恢复删除的文件或文件夹。
【操作步骤】

STEP 01：

　　双击桌面上的"回收站"图标打开回收站，单击"管理"选项卡，选中想恢复的文件或文件夹，单击功能区中的"还原选定的项目"按钮即可。

STEP 02：

　　或是在想恢复的文件或文件夹上右击，在弹出的快捷菜单中选择"还原"选项。

STEP 03：

如果想把回收站中的所有文件或文件夹都恢复，则单击"还原所有项目"按钮即可。

【操作目标 5】

永久删除回收站中的文件或文件夹。

【操作步骤】

STEP 01：

打开回收站，选中想永久删除的文件或文件夹，按【Delete】键弹出"删除文件夹"对话框，单击"是"按钮即可完成。

STEP 02：

打开回收站，在工具栏上单击"清空回收站"图标按钮，然后单击"是"按钮即可完成。

STEP 03：

在桌面上右击"回收站"，然后在弹出的快捷菜单中选择"清空回收站"选项，然后单击"是"按钮即可完成。

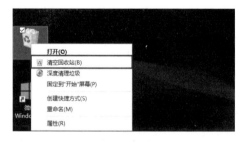

知识解析

当用户计算机中有些文件或文件夹没有用的时候，可以对其进行删除。

（1）从硬盘中删除文件或文件夹时，不会立即将其删除，而是将其存储在回收站中。若要永久删除文件，请选择该文件，然后按【Shift+Delete】组合键。

（2）如果从网络文件夹或 USB 闪存驱动器中删除文件或文件夹，则会永久删除该文件或文件夹，而不是将其存储在回收站中。

（3）如果无法删除某个文件，则可能是当前运行的某个程序正在使用该文件，请尝试关闭该程序或重新启动计算机以解决该问题。

模块 4　文件和文件夹的高级操作

　　熟悉了文件和文件夹的基本操作后，还应该了解文件和文件夹的高级操作，如搜索、隐藏、共享、使用库调用文件和文件夹等操作，以便对文件和文件夹进行高效管理。

技能点15　搜索文件或文件夹

【操作目标】

　　使用搜索框查找文件或文件夹。

【操作步骤】

STEP 01：

　　打开"此电脑"窗口，在地址栏右侧有个搜索框。

STEP 02：

　　在搜索框中输入要查找的文件或文件夹的关键字，此时窗口中显示包含关键字的文件或文件夹，即可查找用户所需的文件或文件夹。

☑ 知识解析

　　如果搜索出的结果过多，可以对其进行过滤，切换至"搜索工具"选项卡，在功能区中单击"修改日期"下拉菜单，在下拉列表中选择合适的日期选项进行过滤。另外，系统还提供了"类型""大小""其他属性"等过滤条件方便用户搜索。

技能点16　隐藏文件或文件夹

【操作目标 1】

利用快捷菜单隐藏文件或文件夹。

【操作步骤】

STEP 01：

在想要隐藏的文件或文件夹上右击鼠标，在弹出的快捷菜单中选择"属性"选项。

STEP 02：

在弹出的属性对话框中，勾选"隐藏"复选框，单击"确定"按钮即可。

【操作目标 2】

利用选项卡隐藏文件或文件夹。

【操作步骤】

STEP 01：

选中想要隐藏的文件或文件夹，单击窗口功能区的"查看"选项卡"显示/隐藏"组中的"隐藏所选项目"按钮。

STEP 02：

此时可看到窗口中被隐藏的文件或文件夹已经消失不见。

【操作目标 3】

利用快捷菜单取消隐藏文件或文件夹。

【操作步骤】

STEP 01：

选中"查看"选项卡"显示/隐藏"组的"隐藏的项目"复选框，在被隐藏的文件或文件夹上右击鼠标，在弹出的快捷菜单中选择"属性"选项。

STEP 02：

在弹出的"属性"对话框中，取消勾选"隐藏"复选框，单击"确定"按钮即可。

【操作目标 4】

利用选项卡取消隐藏文件或文件夹。

【操作步骤】

STEP 01：

在窗口中显示被隐藏的文件或文件夹后，选中隐藏的文件或文件夹，单击窗口功能区的"查看"选项卡"显示/隐藏"组中的"隐藏所选项目"按钮。

STEP 02：

可以看到窗口中被隐藏的文件或文件夹又显示出来了。

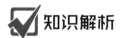 知识解析

　　隐藏文件或文件夹后，窗口中将不再显示，要将隐藏的文件或文件夹显示在窗口中，只需在窗口功能区的"查看"选项卡下勾选"显示/隐藏"组中的"隐藏的项目"复选框即可。

技能点17　共享文件或文件夹

【操作目标 1】

共享文件或文件夹。

【操作步骤】

STEP 01：

在想要共享的文件或文件夹上右击鼠标，在弹出的快捷菜单中选择"共享"选项，然后在子菜单中选择"特定用户"选项。

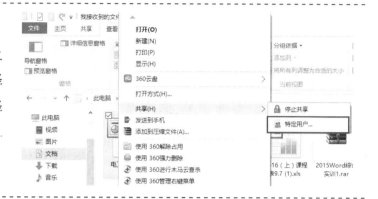

STEP 02：

在弹出的"文件共享"对话框中，单击文本框旁的下拉按钮，在下拉列表中选择"Everyone"选项。

STEP 03：

单击"添加"按钮，将"Everyone"选项添加到列表中，然后单击"共享"按钮。

STEP 04：

在共享文件进度界面显示"你的文件已共享"时单击"完成"按钮，即完成了文件夹的共享。

【操作目标 2】

取消已共享的文件或文件夹。

【操作步骤】

STEP 01：

在想要取消共享的文件或文件夹上右击鼠标，在弹出的快捷菜单中选择"共享"选项，然后在子菜单中选择"停止共享"选项。

STEP 02：

也可在功能区中的"共享"选项卡下，单击"共享"组中的"停止共享"按钮。

技能点18　使用库高效调用文件或文件夹

【操作目标】

打开文档、图片、音乐库。

【操作步骤】

STEP 01：

单击"开始"按钮，然后单击"文档"、"图片"或"音乐"菜单命令即可打开相应库。

STEP 02：

可查看用户的某个文件或文件夹。

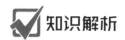
知识解析

　　库是用于管理和指向一个或多个文件夹位置的监视窗口。在某些方面，库类似于文件夹。在打开库时将看到一个或多个项目（文件和文件夹），但与文件夹不同的是，库可以收集存储在多个不同位置中的项目。库本身并不存储项目，它们只监视包含项目的文件夹，并允许用户以不同的方式访问和排列这些项目。例如，如果在硬盘和外部驱动器上的文件夹中都有音乐文件，则可以使用音乐库同时访问所有音乐文件。

　　Windows 10 中，有以下 4 个默认库。

　　（1）文档库。该库主要用于组织和排列字处理文档、电子表格、演示文稿及其他与文本有关的文件。默认情况下，文档库的文件存储在"我的文档"文件夹中。

　　（2）图片库。该库主要用于组织和排列数字图片，图片可从照相机、扫描仪或者其他人的电子邮件中获取。默认情况下，图片库的文件都存储在"我的图片"文件夹中。

　　（3）音乐库。该库主要用于组织和排列数字音乐，如从音频 CD 翻录或从 Internet 下载的歌曲。默认情况下，音乐库的文件存储在"我的音乐"文件夹中。

　　（4）视频库。该库主要用于组织和排列视频，如取自数字相机、摄像机的剪辑，或者从 Internet 下载的视频文件。默认情况下，视频库的文件存储在"我的视频"文件夹中。

技能点19　　将文件夹添加到库中

【操作目标】

将"我接收到的文件"文件夹添加到文档库中。

【操作步骤】

STEP 01:

　　右击"我接收到的文件"文件夹，在弹出的快捷菜单中单击"包含到库中"选项，然后在子菜单中选择"文档"选项。

STEP 02：

打开库中的文档库，可以看到新添加的"我接收到的文件"文件夹。

知识解析

库可以收集不同文件夹中的内容，将不同位置的文件夹包含到同一个库中，然后以一个集合的形式查看和排列这些文件夹中的文件。例如，如果在外部硬盘驱动器上保存了一些图片，则可以在图片库中包含该硬盘驱动器中的文件夹，然后在该硬盘驱动器连接到计算机时，可随时在图片库中访问该文件夹下的图片。

当不再需要监视库中的文件夹时，可以将其删除。从库中删除文件夹时，不会从原始位置中删除该文件夹及其内容。

技能点20　在库中查找指定文件

库中的文件及文件夹的排列方式可根据每个人的不同需要、不同爱好进行个性化选择。在文件比较多的情况下，合理的排列和筛选可以帮助我们快速地查找和整理文件。

【操作目标1】

查看各库中文件或文件夹的排列方式。

【操作步骤】

STEP 01：

查看文档库的排列方式。

STEP 02：

查看音乐库的排列方式。

STEP 03：

查看图片库的排列方式。

STEP 04：

查看视频库的排列方式。

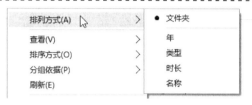

【操作目标 2】

将音乐库中的文件或文件夹的排列方式设置为"流派"。

【操作步骤】

STEP 01：

打开"库"窗口，双击"音乐"图标进入音乐库。

STEP 02：

右击"音乐库"文件夹的空白处，在弹出的快捷菜单中单击"排列方式"选项，然后在子菜单中选择"流派"选项。

STEP 03：

此时音乐库中的文件或文件夹以"流派"的方式进行排列。

技能点21　在系统中新建库

Windows 10 中有 4 个默认库，用户也可以根据需要创建其他库。

【操作目标】

创建一个"优酷下载库"库文件。

【操作步骤】

STEP 01：

打开"库"窗口，右击窗口空白处，在弹出的快捷菜单中单击"新建"选项然后在子菜单中选择"库"选项。

STEP 02：

库创建成功后，将库的名称改为"优酷下载库"即可。

习　题　4

一、选择题

1．文件"新闻报道.doc"的扩展名是（　　　）。

 A．新闻报道   B．doc

 C．新闻报道.doc   D．txt

2．小明在昆明拍了许多数码照片，他打算把照片保存在计算机里，于是新建了一个文件夹，他应该把文件夹命名为（　　　）才方便日后查找。

 A．kop#6*   B．昆明照片

 C．我的音乐   D．36175478

3．一个文件路径为 C:\English\book\101.txt，其中的 book 是一个（　　　）。

 A．图像文件   B．文件

 C．文件夹   D．文本文件

4．在不同磁盘间直接拖动一个对象到另一个目标位置，这是（　　　）操作。

 A．复制   B．移动

  C．粘贴   D．剪切

5．在 Windows 10 系统中，删除文件夹后，该文件夹中的文件将（ ）。

  A．完全不变   B．部分删除

  C．完全删除   D．部分改变

6．下列各项中（ ）不是文件的属性。

  A．隐藏   B．移动   C．存档   D．只读

7．下列图标中，表示文件类型为图片的是（ ）。

  A．   B．   C．   D．

8．在 D 盘"学习资料"文件夹中有一个文件名为"lianxi3.TXT"的文件，从文件扩展名中，知道该文件的类型是（ ）。

  A．音频类   B．图像类   C．视频类   D．文档类

9．Windows 10 系统中，若要一次选择不连续的几个文件或文件夹，正确的操作是（ ）。

  A．单击"编辑"菜单的"全部选定"

  B．单击第一个文件，然后按住【Shift】键单击最后一个文件

  C．单击第一个文件，然后按住【Ctrl】键单击要选择的多个文件

  D．按住【Shift】键，单击首尾文件

10．文件的扩展名主要是用于（ ）。

  A．区别不同的文件   B．标识文件的类型

  C．方便保存   D．表示文件的属性

二、判断题

1．文件被删除进入回收站后，仍然占用磁盘空间，必须"清空回收站"才能释放出被占用的磁盘空间。   （ ）

2．在回收站中执行"清空回收站"命令后，回收站中的全部文件和文件夹将被删除，并且不可还原。   （ ）

3．文件夹可以包含一个或多个子文件夹。   （ ）

4．将文件或文件夹改名时，可以用鼠标右键单击要改名的文件或文件夹，从快捷菜单中选择"重命名"命令，输入新名字并按回车键。   （ ）

5．文件名由主名和扩展名两部分组成，主名和扩展名之间用"，"隔开。 （ ）

6．在一个文件夹中有如下文件：火把节.doc、火把节.ppt、火把节.bmp，其实它们的内容相同，只保留一个即可。   （ ）

7．在 Windows 10 系统中，可以在一个文件夹中再建一个与之同名的子文件夹。例如，可以建立文件夹"D:\图片\图片"。   （ ）

8．复制文件后，文件仍然保留在原来的文件夹中，在目标文件夹中也出现该文件。

（　　）

9．Windows 10 系统中，用来存储被删除文件的场所叫作剪贴板，既可以用它恢复被误删除的文件，也可以清空它释放更多的磁盘空间。（　　）

10．在给文件和文件夹命名时，需要遵循一定的规范，便于识别记忆。（　　）

三、简答题

1．什么是文件与文件夹？文件的命名规则是什么？

2．如何实现文件或文件夹的复制、移动和删除？分别列举一种方法加以说明。

3．简述在 D 盘新建一个名称为"我的作业"的文件夹，并建立该文件夹的桌面快捷方式的操作步骤。

第 5 章

Windows 10 实用工具

模块 1　Windows 10 基本工具

　　Windows 10 实用工具是 Windows 10 系统自带的帮助用户获得最优计算机使用体验的小工具。通过 Windows 10 实用工具可以调整屏幕文本显示效果和校准显示器显示颜色。当用户在使用计算机且需要帮助时，同样可以使用 Windows 10 实用工具获取帮助信息。

技能点 01　使用"颜色校准"校准屏幕显示的颜色

【操作目标】

使用"颜色校准"校准屏幕显示的颜色。

【操作步骤】

STEP 01：

　　右击桌面空白处，在弹出的快捷菜单中选择"显示设置"。

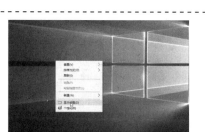

STEP 02：

　　在打开的窗口中单击"显示"选项，向下拖曳窗口右侧滚动条，单击"高级显示设置"选项。

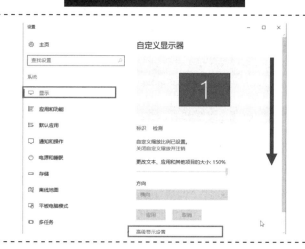

STEP 03:

向下拖曳滚动条，单击"颜色校准"选项。

STEP 04:

弹出"欢迎使用显示颜色校准"界面，单击"下一步"按钮。

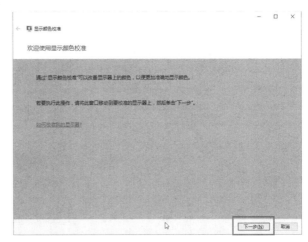

STEP 05:

设置基本颜色，单击"下一步"按钮。

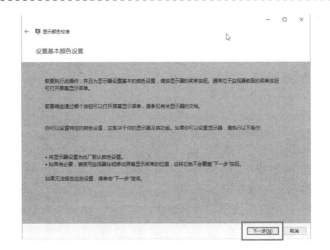

STEP 06:

调整伽玛，单击"下一步"按钮。

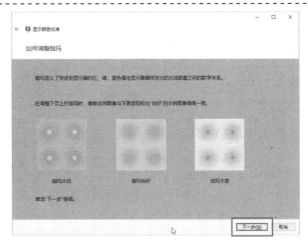

STEP 07:

调整亮度，单击"下一步"按钮。

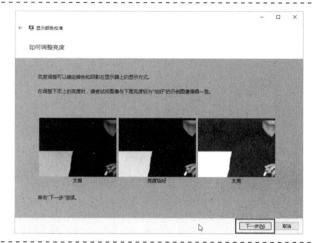

STEP 08:

调整对比度，单击"下一步"按钮。

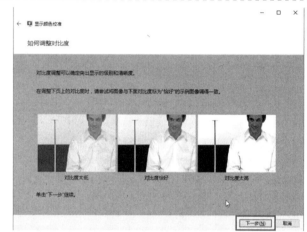

STEP 09:

调整颜色平衡，单击"下一步"按钮。

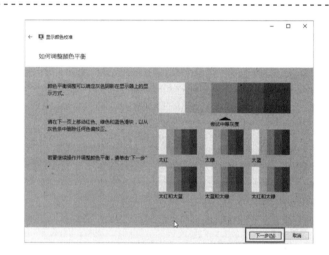

STEP 10:

窗口显示"你已成功创建了一个新的校准"，表示完成显示器颜色的校准，如果对校准满意，可单击"完成"按钮保存。

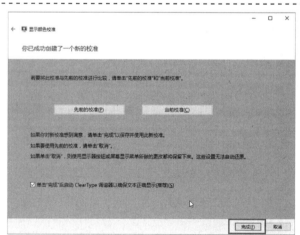

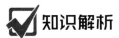 知识解析

使用"显示颜色校准"功能校准屏幕显示的颜色

如果觉得显示器看起来不够舒服，亮度太亮或者颜色太淡，可以使用 Windows 10 的"显示颜色校准"功能进行校准。"显示颜色校准"功能可以对显示器的颜色、伽玛、亮度、对比度等进行比较专业的设置。

技能点 02　使用 ClearType 提高屏幕文本的可读性

【操作目标】

使用 ClearType 提高屏幕文本的可读性。

【操作步骤】

STEP 01：

右击桌面空白处，在弹出的快捷菜单中选择"显示设置"选项。

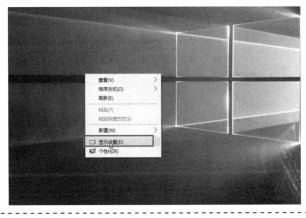

STEP 02：

在打开的窗口中单击"显示"选项，向下拖曳窗口右侧滚动条，单击"高级显示设置"选项。

STEP 03：

在"高级显示设置"界面中，单击"ClearType 文本"选项。

STEP 04：

打开"ClearType 文本调谐器"对话框，勾选"启用 ClearType"复选框，单击"下一步"按钮。

STEP 05：

选择看起来清晰的文本示例，单击"下一步"按钮，按照同样的方法选择设置其他示例。

STEP 06：

设置完成后，单击"完成"按钮，即可完成 ClearType 文本调谐器设置。

技能点 03　使用 Windows "远程桌面" 远程访问某台计算机

【操作目标 1】

设置远程桌面。

【操作步骤】

STEP 01：

单击"开始"按钮，打开"控制面板"，选择"系统"选项。

STEP 02：

打开"系统"窗口，单击窗口左侧的"远程设置"选项。

STEP 03：

打开"系统属性"对话框，在"远程"选项卡中选择"允许远程连接到此计算机"单选按钮（若想成功建立远程控制连接，则对方也应选择此单选按钮），单击"选择用户"按钮。

STEP 04：

打开"远程桌面用户"对话框，单击"添加"按钮。

STEP 05：

打开"选择用户"对话框，可添加那些需要进行远程连接，但不在本地管理员安全组内的任意用户。

【操作目标 2】

连接远程桌面。

【操作步骤】

STEP 01：

单击"开始"按钮，然后选择
"远程桌面连接"选项，打开"远程
桌面连接"对话框。

STEP 02：

选择"常规"选项卡，在"登
录设置"选区的"计算机"文本框
中输入远程计算机的 IP 地址，在
"用户名"文本框中输入登录使用的
用户名，单击"连接"按钮。

STEP 03：

进入远程连接的桌面。

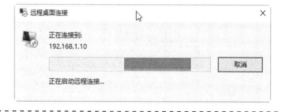

知识解析

远 程 桌 面

远程桌面采用了一种类似 Telnet 的技术，用户只需简单设置，即可开启 Windows 10
系统下的远程桌面连接功能。

当某台计算机开启远程桌面连接功能后，其他用户可以在网络的另一端控制这台
计算机，出可以在该计算机中安装软件、运行程序，所有的一切都好像是直接在该计
算机上操作一样。通过该功能，网络管理员可以在家中安全地控制单位的服务器，而
且由于该功能是系统内置的，所以比其他第三方远程控制工具更方便、更灵活。

　　远程桌面用户可以可靠地使用远程计算机上的所有应用程序、文件和网络资源，就如同用户本人坐在远程计算机面前一样，不仅如此，本地（办公室）运行的任何应用程序在用户使用远程桌面远程（家、会议室、途中）连接后仍会运行。

　　在 Windows 10 系统中保留了远程桌面连接功能，基于此功能，可实现专家远程控制，帮助用户解决个人计算机的问题。

技能点 04　　使用 Windows "远程协助" 远程提供/接收协助

【操作目标】

远程提供协助。

【操作步骤】

STEP 01：

打开 "控制面板" 窗口，切换至 "大图标" 显示，选择 "疑难解答" 选项。

STEP 02：

打开 "疑难解答" 窗口，单击 "从朋友那里获取帮助" 选项。

STEP 03：

打开 "远程协助" 窗口，单击 "请求某个人帮助你" 选项，即可创建远程协助，也可单击 "提供远程协助以帮助某人" 选项。

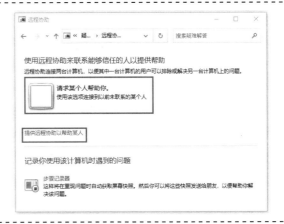

STEP 04：

在"Windows 远程协助"对话框中，单击"使用轻松连接"选项，创建邀请。

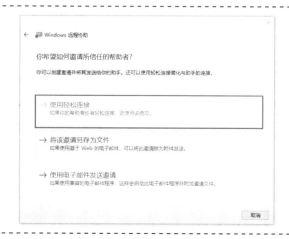

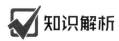

Windows 远程协助

Windows 远程协助是 Windows 10 操作系统中另一个非常重要的远程控制软件，与远程桌面不同的是，远程协助的主要作用是帮助对方解决计算机的问题。

项　目	远 程 桌 面	远 程 协 助
协助方向不同	从本机协助别人	别人协助本机
设置方法	需要在"我的电脑→属性→远程→设置"中设置	需要在终止服务配置中设置
用途	使用远程桌面从另一台计算机远程访问某台计算机	使用远程协助进行远程提供协助或接受协助
举例	例如，可以使用远程桌面从家里连接到工作计算机。可以访问所有的程序、文件和网络资源、就好像坐在自己的工作计算机前面一样。在处于连接状态时，远程计算机屏幕对于在远程位置查看它的任何人而言将显示为空白	例如，朋友或技术支持人员可以访问自己的计算机，以帮助解决计算机问题或演示如何进行某些操作。本人也可以使用同样的方法帮助其他人。在这两种情况下，本人和他人都能看到同一计算机屏幕。如果决定与帮助者共享计算机的控制，则二者均可以控制鼠标指针

模块 2　使用 Windows 10 中的 Metro 附件应用

Windows 10 系统保留了 Windows 8 系统开始屏幕中的 Metro 应用，如应用商店、地图、天气等。通过这些应用，可以极大地方便用户的日常生活和工作。

技能点 05　使用"人脉"应用保存联系人信息

【操作目标】

使用"人脉"应用添加联系人并查看联系人信息。

【操作步骤】

STEP 01：

单击"开始"按钮，然后单击"人脉"图标。

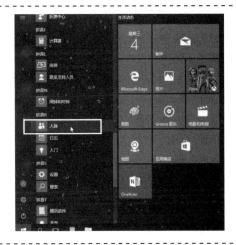

STEP 02：

打开"人脉"界面，在界面左上角单击"添加"按钮。

STEP 03：

打开"新建 Microsoft 账户联系人"窗口，输入新建联系人信息，如照片、姓名、手机、电子邮件等，添加完成后单击"保存"按钮，即可成功保存联系人。

STEP 04：

保存好联系人后，打开"人脉"主窗口，单击要查看的联系人，可查看该联系人的信息，此时联系人是按拼音首字母顺序排列的，方便查找。

技能点 06　使用"天气"应用随时了解天气状况

【操作目标】

使用"天气"应用。

【操作步骤】

STEP 01：

单击"开始"按钮，然后选择"天气"图标。

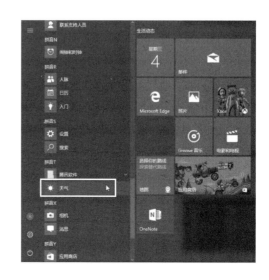

STEP 02：

打开"天气"应用窗口，选择"摄氏度"选项，输入要搜索天气情况的城市，单击"开始"按钮。

STEP 03：

单击■按钮，查看所添加城市的天气状况，可看到未来一周内的天气预报。

STEP 04：

单击■按钮，可查看一年内的气温变化情况。

STEP 05：

单击■按钮，可将当前城市天气添加到收藏夹。

STEP 06：

在搜索栏中输入"北京"，单击"搜索"按钮，即可查看北京当前的天气情况。

技能点 07　使用"应用商店"下载应用程序

【操作目标】

使用"应用商店"下载"QQ 安装软件"。

【操作步骤】

STEP 01：

单击"开始"按钮，然后选择"应用商店"选项。

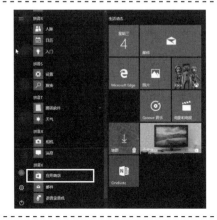

STEP 02：

进入"应用商店"主界面，单击右上角的 图标进行登录。

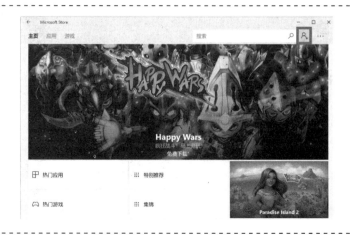

STEP 03：

在搜索栏中输入"QQ"，然后单击"搜索"按钮，在更新的界面中单击"免费下载"。

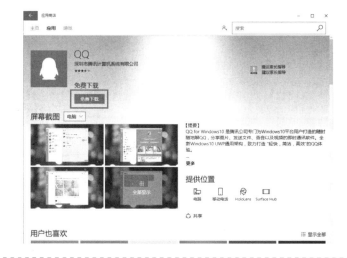

STEP 04：

"QQ 安装软件"下载完成，安装好后，单击桌面 QQ 图标即可使用。

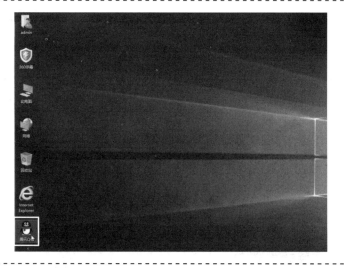

STEP 05：

单击 图标，可以查看应用商店中下载和更新的应用。

STEP 06：

单击█图标，可以进行"下载和更新""设置""我的资料库""发送反馈"等操作。

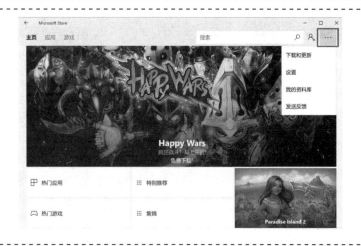

技能点 08　使用"日历"应用安排日常行程

【操作目标】

使用"日历"应用安排日常行程。

【操作步骤】

STEP 01：

单击"开始"按钮，然后选择"日历"选项。

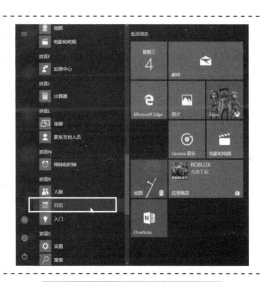

STEP 02：

单击"添加账户"按钮。

STEP 03：

打开"添加你的 Microsoft 账户"对话框，输入账户名称，单击"下一步"按钮。

STEP 04：

输入密码，单击"下一步"按钮。

STEP 05：

选择日期，然后单击页面左上角的"新事件"按钮，输入事件信息、事件描述及开始时间和结束时间，完成后单击"保存并关闭"按钮。

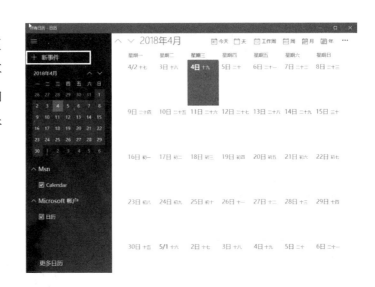

STEP 06：

添加完事件后，即可在选择的日期中看到该事件。

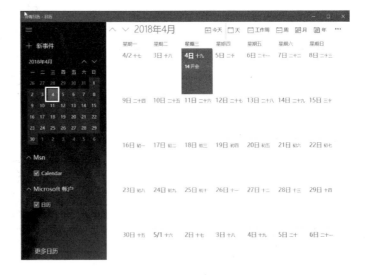

 **知识解析**

日历应用程序

日历应用程序是 Windows 10 自带的一款日程管理软件，通过日历进行日程安排和提醒可以帮助人们更高效地完成任务。

技能点 09 　使用"照片"应用浏览/关闭照片

【操作目标】

使用"照片"应用浏览照片。

【操作步骤】

STEP 01：

单击"开始"按钮，然后选择"照片"选项。

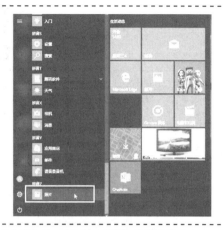

STEP 02：

在打开的程序窗口中，单击"添加文件夹"选项。

STEP 03：

选择文件所在文件夹，单击"将此文件夹添加到图片"按钮。

STEP 04：

打开要查看的照片，可看到界面右上角有一排工具栏，可对照片进行处理、删除等操作。

STEP 05:

单击"编辑"图标（铅笔图标），可看到有滤镜、光线、彩色、旋转、裁剪等功能，处理完后保存照片即可。

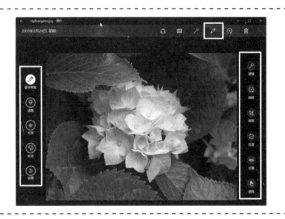

技能点 10　使用"电影和电视"应用播放/管理视频

【操作目标】

使用"电影和电视"应用播放视频。

【操作步骤】

STEP 01:

单击"开始"按钮，然后选择"电影和电视"选项。

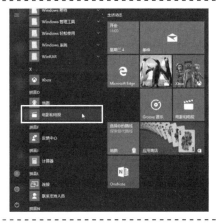

STEP 02:

进入视频主界面，单击"添加一些视频"按钮。

STEP 03:

打开"选择文件夹"对话框，选择要播放的视频文件夹，单击"将此文件夹添加到视频"按钮。

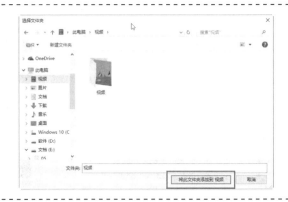

STEP 04：

　　播放视频，播放过程中可执行
更改播放比例、暂停播放、控制音
量、全屏播放等操作。

技能点 11　使用"邮件"应用发送与管理邮件

【操作目标】

使用"邮件"应用发送和管理邮件。

【操作步骤】

STEP 01：

　　单击"开始"按钮，然后选
择"邮件"选项。

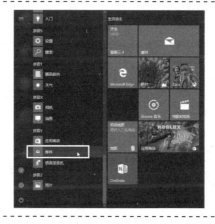

STEP 02：

　　进入邮件界面，单击▦按钮，
输入收件人、主题及内容后，单
击"发送"按钮，即可成功发送
邮件。

STEP 03：

　　回复邮件时，单击收到的邮
件，单击"答复"按钮，输入要
回复的信息，发送即可。

STEP 04：

删除邮件时，选中要删除的邮件，在邮件上方单击"删除"按钮即可。

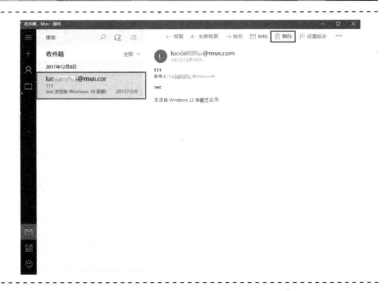

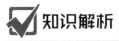 知识解析

邮件应用程序

邮件应用程序是 Windows 10 中系统内置的邮件本地客户端，使用该程序，用户不用在浏览器中登录邮箱，而是直接在邮件应用程序中发送、回复和管理邮件。

模块 3　Windows 10 系统中的实用 PC 附件

Windows 10 系统为用户提供了各种常用的附件，如写字板、记事本、计算器、画图工具、便笺等。这些附件，可以为用户在使用电脑进行工作、娱乐的过程中带来更多方便。

技能点 12　便利贴

【操作目标】

使用"便利贴"附件添加便笺。

【操作步骤】

STEP 01：

单击"开始"按钮，然后选择"Sticky Notes"选项。

STEP 02：

单击便笺左上角的 + 按钮，输入便笺内容"待办事项"，即可新添加便笺。

STEP 03：

更改便笺的底色，右击想要更改底色的便笺，在弹出的快捷菜单中选择一种颜色，这里选择"紫"选项，此时便笺底色变为紫色（默认情况下，便笺的底色为黄色）。

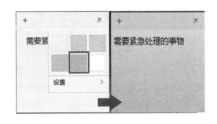

STEP 04：

更改便笺的大小。将鼠标指针放置于要更改大小的便笺四个角中的任意一个角上，当鼠标指针变为双向箭头形状时，按住鼠标左键向外拖动。当拖动到合适的位置后，松开鼠标左键即可。

STEP 05：

删除便笺。单击要删除的便笺右上角的 ■ 按钮，弹出"便笺"对话框，确定是否删除该便笺，单击"是"按钮即可删除。

技能点 13　使用画图工具绘制简单的图形

【操作目标】

使用画图工具绘制简单的图形。

【操作步骤】

STEP 01:

单击"开始"按钮,然后选择"画图"选项,启动画图工具。在画图工具中,可以随意绘制线条、形状等。

STEP 02:

画图工具的窗口界面如图所示。

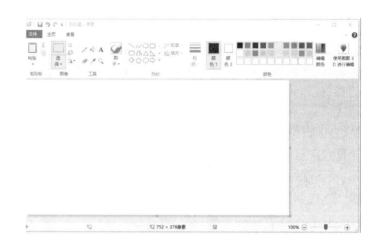

STEP 03:

单击"形状"组中的"线"选项,设置线条的粗细和颜色。

STEP 04：

在绘图区域中，按住鼠标左键进行拖曳，即可绘制出线段图形。如果按住【Shift】键的同时进行绘制，可绘制出直线。

STEP 05：

以五角星绘制为例，单击"主页"选项卡"形状"组中的"形状"按钮，在下拉列表中选择五角星形状，然后在绘图区中，按住鼠标左键同时按住【Shift】键，拖曳至合适位置，放开鼠标。

STEP 06：

单击"颜色"组中的"红色"，选择油漆桶"填充"按钮后，单击"五角星"图形，即可填充选择的颜色。

STEP 07：

单击"橡皮擦"按钮，在绘图区域中需要擦除的位置，按住鼠标左键拖曳即可擦除。

STEP 08:

单击"选择"下拉按钮，选择
"矩形选择"选项，在绘图区中按住
鼠标左键，拖曳光标至合适位置，
此时该区域图像已被选中。

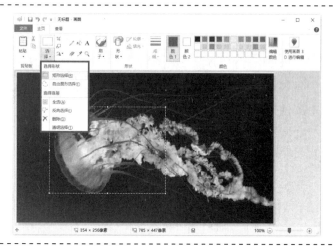

STEP 09:

按住鼠标左键进行拖曳，可移
动该区域。

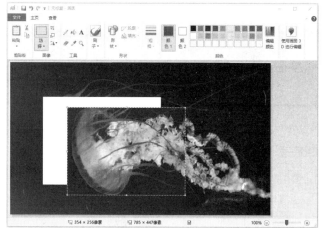

STEP 10:

选定区域后，按住【Ctrl】键并
拖曳选定区域，可以看到复制效果。

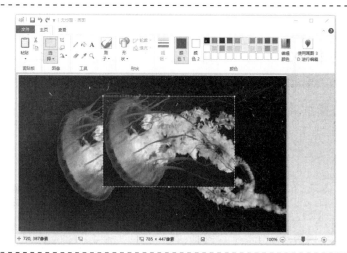

STEP 11:

裁剪图片，单击"选择"下拉
按钮然后选择"矩形选择"选项，
选中需要保留的图片区域。

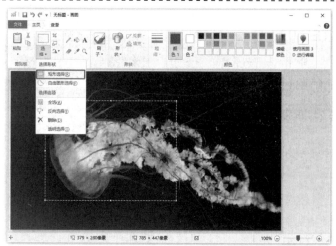

STEP 12:

单击"裁剪"按钮，这时可以看到，除了选择的图片区域外，其余的图片内容已经全部被删除。

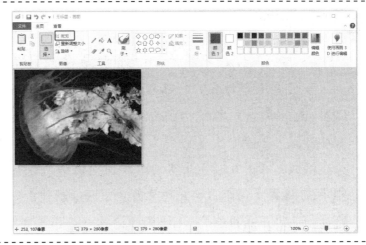

STEP 13:

在"主页"选项卡下，单击"图像"组中的"旋转"下拉按钮，从下拉列表中选择所需选项，进行旋转或翻转。

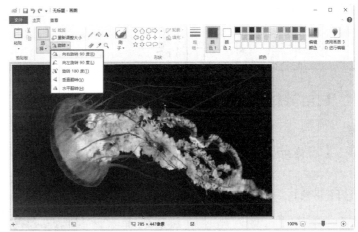

STEP 14:

在"主页"选项卡下，单击"工具"组中"文字"按钮，此时鼠标变成编辑状态，在需要的位置单击，在输入框中输入文字即可。在当前选项卡下，可以对文字的样式、颜色、大小、粗细等进行设置。

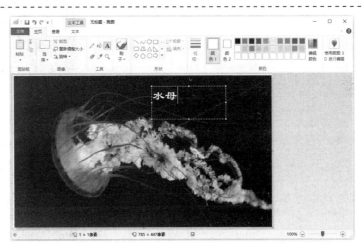

STEP 15:

单击画图工具标题栏最左侧快速访问工具栏中的"保存"按钮，弹出"保存为"对话框，设置保存位置、文件名，然后在"保存类型"下拉列表中选择要保存的类型，最后单击"保存"按钮即可保存图片。

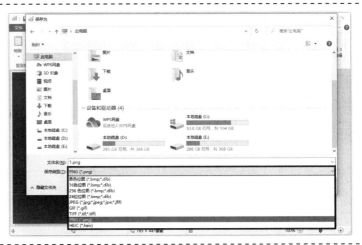

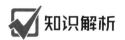知识解析

关于保存文件类型

画图工具是 Windows 系统中自带的一款图形制作和编辑软件，可以将文件保存为位图(.bmp)文件，也可以将文件保存为(.jpeg)，(.gif)，(.tiff)，(.png)等类型文件。bmp保存格式，保存了大量的图片数据，所以图片相对是比较大的；jpeg 是最常见的图片保存格式，在图片颜色丰富的时候使用该格式保存，比如拍摄的相片，合成的图片等；gif保存格式是用于保存网络图片的，可以制作成带有帧的动画图片，图片文件比较小，同时颜色也不是很丰富；tiff保存格式一般用于印刷图片，平面设计完成后并保存成此格式发送给印刷部门印刷实物,图片也一般较大;png 保存格式是一般用于全透明图片。

技能点 14　计算器

【操作目标 1】

使用标准型计算器计算"(2+7)×5÷2"算式。

【操作步骤】

STEP 01：

单击"开始"按钮，然后选择"计算器"选项，启动"计算器"程序。

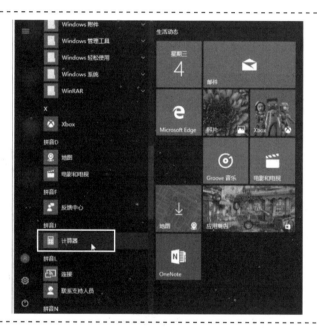

STEP 02：

单击计算器上的"2"按钮或通过键盘输入数字"2"。

STEP 03：

单击"+"按钮输入符号"+"。

STEP 04：

单击"7"按钮输入数字"7"。

STEP 05：

单击"="按钮，可以看到计算
出"2+7"的结果为9。

STEP 06：

单击"×"按钮输入符号"×"。

STEP 07：

　　单击"5"按钮输入数字"5"，计算结果是"45"。

STEP 08：

　　单击"÷"按钮输入符号"÷"。

STEP 9：

　　单击"2"按钮输入数字"2"，计算结果是22.5。

【操作目标 2】

　　使用科学型计算器求 64 的平方根。

【操作步骤】

STEP 01：

　　科学型计算器可以进行复杂的数学运算，与标准型计算器的运用大致相同，这里以计算 64 的平方根为例进行介绍。

STEP 02：

单击"计算器"按钮，选择"科学"选项，启动科学型计算器。

STEP 03：

单击平方根按钮 ，再按"2"，即可得到 64 的平方根为 8。

技能点 15 记事本

【操作目标】

使用记事本。

【操作步骤】

STEP 01：

单击"开始"按钮，然后选择"记事本"选项，启动记事本程序。

STEP 02：

　　输入文本。

STEP 03：

　　单击"格式"按钮，选择"字体"选项，在字体选项卡设置字体、字形、大小等。

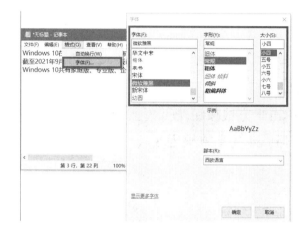

STEP 04：

　　单击"格式"按钮，选择"自动换行"选项，此时可以看到记事本中的文本自动换行了。

 **知识解析**

记事本

　　记事本是 Windows 系统中自带的一款文本处理程序，也是最简单的文字编辑软件。记事本常用来查看或编辑文本（.txt）文件，但许多用户发现记事本是创建网页的简单工具。记事本具有占用磁盘空间小、处理速度快和支持多种文件格式等优点，是一款常用的文本处理程序。

　　打开记事本还可采用其他的方法。方法一：右击桌面、文件夹等的空白处，弹出快捷菜单，选择"新建→文本文档"选项，即可创建记事本。方法二：如果计算机中存在 txt 格式的文本文件，双击该文件，即可打开记事本。

技能点 16 写字板

【操作目标】

使用写字板。

【操作步骤】

STEP 01:

单击"开始"按钮，然后选择"写字板"选项，启动写字板程序。

STEP 02:

启动后，单击文本编辑区，将光标移动到输入文本的位置，输入文本。对文档中的文字进行编辑时，首先应选中文本。

STEP 03:

查找文本。将光标放置文档开始位置，在"主页"选项卡下单击"查找"按钮。打开"查找"对话框，在"查找内容"中输入要查找的文字，单击"查找下一个"按钮，此时系统将以蓝色高亮显示所查找的文字。

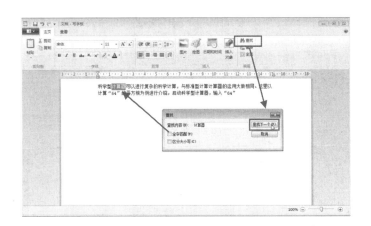

STEP 04：

替换文本。在"主页"选项卡下单击"编辑"组中的"替换"按钮。打开"替换"对话框，输入要查找的内容和替换的内容，单击"全部替换"。

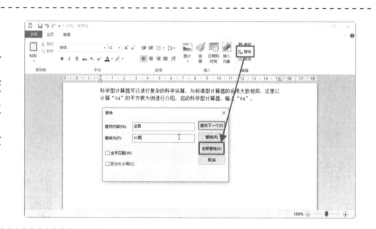

STEP 05：

插入图片。将光标置于图片插入的位置点，在"主页"选项卡下，单击"插入"组中的"图片"按钮，打开"选择图片"对话框，选择需要的图片，单击"打开"按钮，插入图片后，可手动调整图片的大小和位置。

STEP 06：

设置字体格式。选中需要更改字体的文字或段落，单击"字体"组中的功能，有字体样式、字号大小、倾斜、下画线、文字颜色等功能可供选择。

STEP 07：

设置段落格式。选中段落，单击"段落"组中的功能，可设置段落的缩进、间距和对齐方式等。

STEP 08：

保存文档。单击"文件"按钮，选择"保存"或"另存为"选项，直接选择要保存的类型，最后单击"保存"按钮。

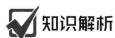 **知识解析**

写字板是 Windows 系统中自带的一款文本处理软件，具有 Windows office Word 的最初形态。用户可以在写字板中创建文档和编辑文档，设置文档的段落格式等，还可以在写字板中插入图片、声音等信息。

技能点 17　截图工具

【操作目标】

使用截图工具。

【操作步骤】

STEP 01：

单击"开始"按钮，选择"截图工具"图标，启动"截图工具"程序。

STEP 02：

新建截图。截图工具有 4 种截图方式，分别为任意格式截图、矩形截图、窗口截图和全屏幕截图。

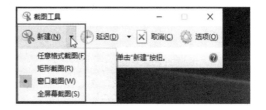

STEP 03:

任意格式截图是根据需要，截出任意形状的图案。单击"新建→任意格式截图"选项，此时整个屏幕变灰，拖曳鼠标，围绕要捕获的区域画线。截图完毕后，系统会弹出"截图工具"窗口。

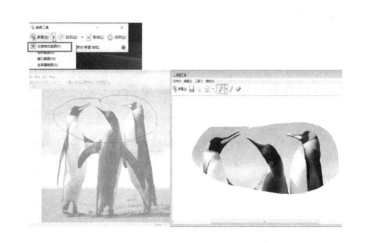

STEP 04:

矩形截图指用户截图的范围是矩形形状。单击"新建→矩形截图"选项，按住鼠标左键，拖到所需截图区，放开鼠标即可。

STEP 05:

窗口截图指在打开窗口后，直接使用该工具截出整个窗口中的内容。单击"新建→窗口截图"选项，将鼠标移动到需要截图的窗口单击，即可截下整个窗口。

STEP 06:

全屏幕截图将会截取电脑屏幕内所能看到的全部内容。单击"新建→全屏幕截图"选项，在弹出的全屏幕截图编辑窗口中，即可看到截图效果。

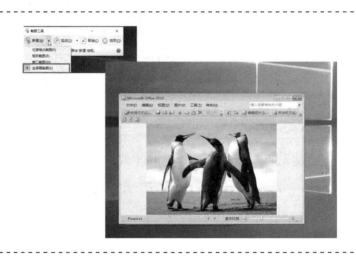

STEP 07：

编辑截图。在"截图工具"窗口中，单击"笔"选项，在图片上进行勾画即可。若对效果不满意，可单击"橡皮擦"按钮，单击所需修改的位置即可擦除。

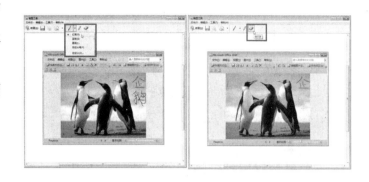

STEP 08：

保存截图。单击"文件→另存为"，在"另存为"对话框中，选择保存位置和类型，单击"保存"按钮。

技能点 18　使用辅助工具提高使用效率

【操作目标 1】

使用放大镜。

【操作步骤】

STEP 01：

单击"开始→Windows 轻松应用→放大镜"选项，启动放大镜程序。

STEP 02：

放大镜有 3 种视图模式，分别为"全屏""镜头"和"停靠"选项。选择"全屏"选项时，整个屏幕都将放大；选择"镜头"选项时，鼠标指针周围的区域将被放大，用户可移动鼠标指针选择要放大的区域；选择"停靠"选项时，放大镜只在固定的区域放大显示鼠标指针周围的区域。

STEP 03：

单击"选项"按钮，弹出"放大镜选项"对话框，可在其中设置缩放画面的变化范围、是否启用颜色反转、跟踪等选项。

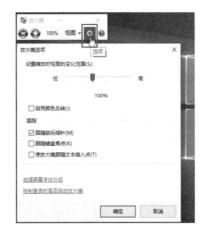

【操作目标 2】

使用屏幕键盘。

【操作步骤】

STEP 01：

单击"开始→Windows 轻松应用→屏幕键盘"选项，启动屏幕键盘程序。

STEP 02:

用鼠标单击屏幕键盘上的按钮，相当于使用屏幕按键，如果要退出，单击屏幕键盘中的"关闭"按钮即可。

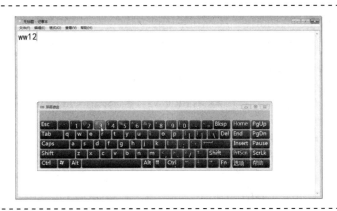

STEP 03:

默认的屏幕键盘没有数字键区，单击"选项"按钮，在打开的对话框中，勾选"打开数字小键盘"复选框，单击"确定"按钮，即可显示数字键区。

☑ 知识解析

Windows 10 系统中的新版放大镜功能，可以将文字和图像放大，以方便视力不好的用户查看屏幕上的内容，也可以使 Windows 10 系统在触摸屏上的操作体验更好。

当用户键盘出现问题时，可使用系统自带的屏幕键盘进行简单的键入。屏幕键盘虽然不能完全代替传统键盘，但在很大程度上为用户提供了方便。如今，Windows 10 开启了触控时代，除了 PC，平板电脑也可以使用 Windows 10 操作系统，这使屏幕键盘显得格外实用。

习 题 5

一、填空题

1. _____功能可以对显示器的颜色、伽玛、亮度、对比度等进行比较专业的设置。

2. 用户通过_____可以可靠地使用远程计算机上的所有应用程序、文件和网络资源。

3. Windows 10 系统自带_____，可以随时了解天气状况。

4. _____是 Windows 10 自带的一款日程管理软件，通过日历进行日程安排以及提醒可以帮助人们更高效地完成任务。

5. Windows 10 系统的_____，可对照片进行基本的处理、删除等操作。

6. _____是 Windows 10 系统内置的邮件本地客户端，使用该程序，用户不用在浏览器中登录邮箱而直接在邮件应用程序中发送、回复和管理邮件。

7. Windows 10 系统中的_____，可以将文字和图像放大，以方便视力不好的用户查看屏幕上的内容，也可以使 Windows 10 系统在触摸屏上的操作体验更好。

8. 截图工具有四种方式，分别是任意格式截图、矩形截图、窗口截图和_____。

9. _____是 Windows 10 系统自带的文本处理程序，也是最简单的文字编辑软件。

二、选择题

1. 在不同窗口之间进行切换的快捷键是（   ）。

    A．Ctrl+Tab   B．Ctrl+Shift   C．Alt+Tab   D．Alt+F4

2. 在 Windows 10 系统中要想同时改变窗口的高度和宽度，可通过拖曳（   ）来实现。

    A．窗口角   B．窗口边框   C．滚动条   D．菜单

3. Windows 中活动的窗口可以有（   ）。

    A．1 个   B．2 个   C．4 个   D．任意多个

4. 在 Windows 10 系统中的任务栏上的应用程序按钮可用于（   ）。

    A．启动应用程序   B．修改文件属性

    C．排列各应用程序图标   D．切换当前应用程序窗口

5. 记事本是 Windows 10 系统自带的文本处理程序，也是最简单的文字编辑软件。记事本常用来查看或编辑文本（   ）文件。

    A．txt   B．bmp   C．xls   D．ppt

6. 在 Windows 10 系统中，所有操作都具有的特点是（   ）。

    A．先选择操作命令，再选择操作对象

    B．先选择操作对象，再选择操作命令

    C．同时选择操作对象和操作命令

    D．允许用户任意选择

7. 如果显示器看起来不够舒服，亮度太亮或者颜色太淡，可以通过（   ）来调节。

    A．调整分辨率   B．显示颜色校准

    C．个性化   D．声音

8. 画图工具是 Windows 系统中自带的图形制作和编辑软件，可以将文件保存为位图（   ）文件。

    A．doc   B．bmp   C．ppt   D．xls

9. 下列不属于图像文件格式的是（   ）。

    A．BMP   B．JPEG   C．MPEG   D．PSD

10. 下列属于视频文件格式的是（   ）。

    A．JPG   B．PNG   C．GIF   D．AVI

三、简答题

1. 在 Windows 10 系统中如何打开计算器工具？

2. 在 Windows 10 系统中如何使用便利贴？

第 6 章

Windows 10 多媒体娱乐

Windows Media Player 是 Windows 系统自带的一款播放器，其功能强大，可以播放 MP3、WMA、WAV 等格式的文件，还可以自定义媒体数据库、收藏媒体文件、支持播放列表、从 CD 读取音轨到硬盘及刻录 CD 等。

技能点 01　Windows Media Player 初始化设置

【操作目标】

对 Windows Media Player 进行初始化设置。

【操作步骤】

STEP 01:

打开"开始"菜单，在"所有应用"程序栏中找到并单击"Windows Media Player"程序。

STEP 02:

初次使用 Windows Media Player 软件时需要对其进行初始化设置。选中"推荐设置"或"自定义设置"单选按钮，然后单击"完成"按钮。完成后再次打开软件即可直接进入该程序界面，无须重复设置。

STEP 03：

进入 "Windows Media Player"
程序窗口。

技能点 02　在 Windows Media Player 中创建播放列表

【操作目标】

在 Windows Media Player 中创建播放列表。

【操作步骤】

STEP 01：

选择 "Windows Media Player"
程序窗口左侧导航窗格的 "播放列
表" 选项，然后在右侧窗格中单击
"单击此处" 命令。

STEP 02：

左侧导航窗格的 "播放列表"
选项下方出现子目录，并为可编辑
状态。

STEP 03：

输入播放列表的名称，然后按
【Enter】键，右侧窗格会出现刚才
创建的播放列表。

STEP 04：

双击创建的"我的音乐"播放列表，然后切换到"播放"选项卡。

STEP 05：

打开要添加的媒体文件所在的文件夹，选好需要添加的媒体文件后，将其拖动到播放列表中。

STEP 06：

添加完成后，单击"保存列表"按钮，将添加的媒体文件保存在播放列表中。

STEP 07：

双击播放列表中的"我的音乐"，即可开始按顺序播放添加的媒体文件。用同样的方法添加名为"钢琴曲"的播放列表。

技能点 03　管理播放列表

【操作目标】

在 Windows Media Player 中管理播放列表。

【操作步骤】

STEP 01：

要调整播放列表中文件的顺序，可在播放列表中选中要调整顺序的文件，然后按住鼠标左键拖动。

STEP 02：

拖动到合适的位置后，松开鼠标左键，即可调整文件的顺序。

STEP 03：

要将播放列表中的某个文件删除，可右击该文件，在弹出的快捷菜单中选择"从列表中删除"选项。

STEP 04：

此时可以看到，相应的文件已经被删除。

STEP 05：

如果要将播放列表中的文件添加到其他播放列表中，可右击该文件，在弹出的快捷菜单中选择"添加到"选项，在弹出的子菜单中选择要添加到的播放列表，或选择"其他播放列表"选项，这里选择添加到"钢琴曲"播放列表。

STEP 06：

双击左侧导航窗格的"钢琴曲"播放列表，可看到选中的文件已被添加到该播放列表中了。

技能点 04　在 Windows Media Player 中播放音乐

【操作目标 1】

在 Windows Media Player 中，通过播放列表播放音乐。

【操作步骤】

在播放列表中双击需要播放的音乐，即可开始播放音乐。

【操作目标 2】

在 Windows Media Player 中，通过菜单播放音乐。

【操作步骤】

STEP 01：

右击 Windows Media Player 程序窗口中地址栏的空白处，在弹出的快捷菜单中选择"文件"选项，然后在子菜单中选择"打开"选项。

STEP 02：

在"打开"对话框中，选择要播放的音乐，然后单击右下方"打开"按钮，即可播放选中的音乐。

【操作目标 3】

在 Windows Media Player 中，通过右击弹出的快捷菜单播放音乐。

【操作步骤】

在文件夹中找到要播放的音乐后右击，在"打开方式"弹出的子菜单中选择"Windows Media Player"选项，即可启动 Windows Media Player 程序并开始播放选中的音乐。

 知识解析

Windows Media Player 操作按钮区功能

在播放音乐的过程中，还可以对文件进行暂停、快进、停止等操作，以播放文件为例，介绍各个操作按钮的作用。

打开无序播放。单击该按钮，可按随机顺序播放列表中的音乐，再次单击该按钮可关闭无序播放。

打开重复播放。单击该按钮，可在播放结束后重复播放列表中的音乐，再次单击该按钮，可关闭重复播放。

停止。单击该按钮，可停止播放音乐。

上一个。单击该按钮，可切换到上一首乐曲。

暂停。单击该按钮，可暂停播放音乐，该按钮变为"播放"按钮，再次单击该按钮，可继续播放。

下一个/快进。单击该按钮，可切换到下一首乐曲；长按该按钮，还可对音乐进行快进操作。

静音。单击该按钮，可将音乐设为静音。

音量。拖动滑块，可调整音乐的音量。

切换到正在播放。单击该按钮，可切换到正在播放的界面。

技能点 05　在 Windows Media Player 中播放视频

【操作目标】

在 Windows Media Player 中播放视频。

【操作步骤】

在文件夹中找到要播放的视频后右击，在"打开方式"的子菜单中选择"Windows Media Player"选项，即可启动程序并开始播放选中的视频。播放音乐的方法与播放视频相似，此处不再赘述。

技能点 06　将 Windows Media Player 设为默认播放器

【操作目标】

将 Windows Media Player 设置为默认播放器。

【操作步骤】

STEP 01：

右击音频文件，在弹出的快捷菜单中选择"打开方式"选项，然后在子菜单中选择"选择其他应用"选项。

STEP 02：

　　弹出"你要如何打开这个文件"界面，选择"Windows Media Player"选项，勾选"始终使用此应用打开.mp3 文件"复选框，单击"确定"按钮，即可将 Windows Media Player 设为默认播放器。

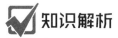 **知识解析**

关于默认播放器

　　用 Windows Media Player 程序播放音乐和视频很方便，如果将 Windows Media Player 设为其支持类型文件的默认播放器，那么只需双击想要播放的文件，即可在 Windows Media Player 中打开相应的文件并进行播放。

模块 2　使用 Windows 照片查看器管理照片

　　Windows 照片查看器是集成在 Windows 操作系统中的一个看图软件，它是最常用的图片浏览工具。当系统中没有安装其他看图软件时，系统将默认使用 Windows 照片查看器来浏览照片。

技能点 07　Windows 照片查看器的界面

【认知目标】

熟悉 Windows 照片查看器的界面。

【认知内容】

POINT 01：

　　标题栏。位于窗口的最上方，用于显示当前窗口的名称。

POINT 02：

菜单栏。包含许多菜单项，可以对图片进行删除、复制、打印、刻录等操作。

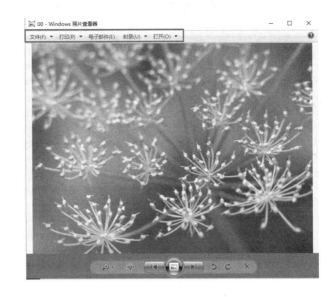

POINT 03：

图片查看区。在该区域中可以查看图片。

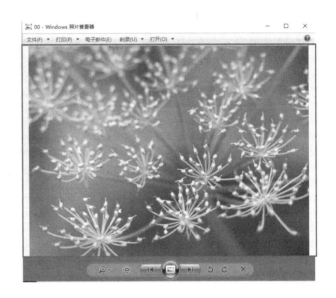

POINT 04：

操作按钮区。通过该区域中的按钮，可以调整图片的放大/缩小、上一个/下一个、旋转等。

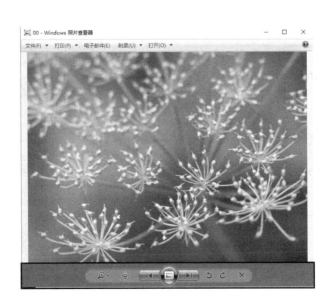

技能点 08　在 Windows 照片查看器中查看照片

【操作目标】

在 Windows 照片查看器中查看照片。

【操作步骤】

STEP 01：

右击需要查看的照片，在弹出的快捷菜单中选择"打开方式"选项，然后在子菜单中选择"Windows 照片查看器"选项。

STEP 02：

打开"Windows 照片查看器"窗口，并已显示要查看的照片。

STEP 03：

单击"放映幻灯片"按钮，可以通过幻灯片的形式全屏播放照片，按【Esc】键，可退出幻灯片播放模式。

STEP 04：

单击"下一个（向右键）"按钮或按向右方向键，查看下一张照片，同样，单击"上一个（向左键）"按钮或按向左方向键，查看上一张照片。

STEP 05：

如果照片的显示方向与正常显示方向相反，那么可以单击"逆时针旋转"按钮或"顺时针旋转"按钮来调整。

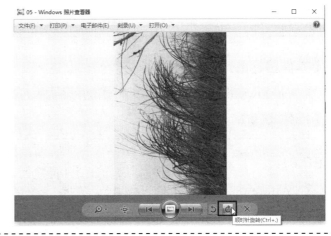

STEP 06：

此时可以看到照片调整后的效果。

STEP 07：

通常情况下，Windows 照片查看器都是按窗口大小显示照片的，如果想要放大显示照片，可以单击"更改显示大小"按钮，然后在弹出的调节框中上下拖动滑块进行调整。

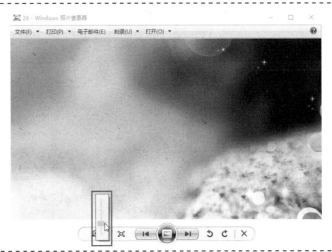

STEP 08：

将照片放大后，还可以按住鼠标左键拖动照片，查看照片的其他部分。

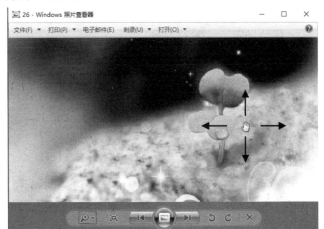

技能点 09　在 Windows 照片查看器中复制或删除照片

【操作目标】

在 Windows 照片查看器中复制或删除照片。

【操作步骤】

STEP 01：

在 Windows 照片查看器中打开要复制的照片，单击菜单栏中的"文件→制作副本"选项。

STEP 02：

弹出"制作副本"对话框，设置保存位置、文件名，最后单击"保存"按钮，即可为照片制作副本。

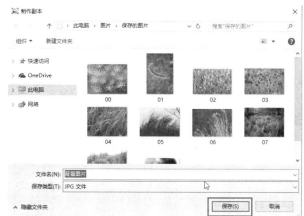

STEP 03：

删除照片时，单击菜单栏中的"文件→删除"选项，或单击操作按钮区中的"删除"按钮即可删除图片。

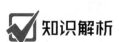 **知识解析**

复制照片的其他方法

复制照片时，还可以单击菜单栏中"文件→复制"选项，然后打开要将照片复制到的目标位置，单击鼠标右键，在弹出的快捷菜单中选择"粘贴"选项，或直接按

【Ctrl+V】组合键，就可将照片复制到目标位置。

技能点 10　将 Windows 照片查看器设置为默认图片查看器

【操作目标】

将 Windows 照片查看器设置为默认图片查看器。

【操作步骤】

STEP 01：

　　右击图片文件，在弹出的快捷菜单中选择"打开方式"选项，然后在子菜单中选择"选择其他应用"选项。

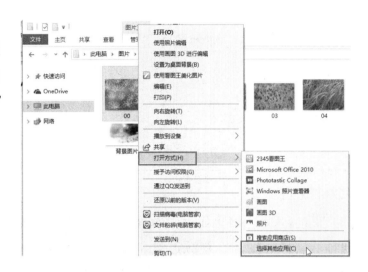

STEP 02：

　　弹出"你要如何打开这个文件"界面，选择"Windows 照片查看器"选项，勾选"始终使用此应用打开.jpg 文件"复选框，单击"确定"按钮，Windows 照片查看器就被设为默认的图片查看器了。

模块 3　**Windows Movie Maker**

　　Windows Movie Maker 是 Windows 系统附带的一个影视剪辑小软件，功能比较简单。用户只需将照片、视频、音乐等做一些简单的拖放操作，就可以在计算机上制作、编辑和分享家庭电影。另外，还可以添加特效、旁白等。制作完成电影后，可以通过互联网、电子邮件、CD 等方式与更多人分享。

　　需要注意的是，大部分 Windows 10 系统没有预装 Windows Movie Maker 软件，用户需要从网络中下载并安装，才能使用该软件。

技能点 11　Windows Movie Maker 的界面

【认知目标】

熟悉 Windows Movie Maker 的界面。

【认知内容】

POINT 01:

"电影任务"区。这里列出了制作电影时可能需要执行的常见任务。

POINT 02:

"内容"区。这里显示出所有的视频、音频、图片、视频过渡和视频效果，以及"收藏"窗格中所包含的剪辑。

POINT 03:

"预览"区。可以使用监视器在这里查看单个剪辑或整个项目，可以在将项目保存为电影之前进行预览。

POINT 04:

"情节提要"区。这里可以查看项目中剪辑的排列顺序，如果需要，还可以对其进行重新排列。也可以利用此区查看已添加的视频效果或视频过渡。

技能点 12　捕获视频

【操作目标】

导入视频、图片和音频。

【操作步骤】

STEP 01：

打开 Windows Movie Make 程序窗口，在左侧电影任务区中的"捕获视频"选项卡下，可以选择"导入视频""导入图片""导入音频或音乐"选项。

STEP 02：

导入视频。单击"导入视频"选项，选择想要添加到 Windows Movie Maker 中的视频文件，单击"导入"按钮，即将计算机上的视频导入到当前的收藏中。

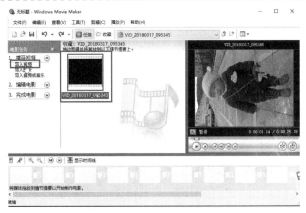

STEP 03：

导入图片。单击"导入图片"选项，选择想要添加到 Windows Movie Maker 中的图片文件，单击"导入"按钮，即将计算机上的图片导入到当前的收藏中。

STEP 04：

导入音频或音乐。单击"导入音频或音乐"选项，选择想要添加到 Windows Movie Maker 中的音频或音乐文件，单击"导入"按钮，即将计算机上的音频或音乐导入到当前的收藏中。

技能点 13　编辑电影

【操作目标1】

添加视频特效。

【操作步骤】

STEP 01：

在"情节提要"区里，选择要添加视频效果的视频剪辑或图片。

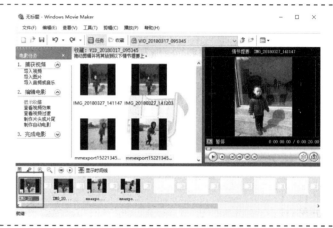

STEP 02：

在"工具"菜单中选择"视频效果"选项或在"电影任务"区中的"编辑电影"选项卡下，单击"查看视频效果"选项。

STEP 03：

在"内容"区中，会出现各种类型的特效效果，单击要添加的视频效果。

STEP 04：

在"剪辑"菜单上，选择"添加至情节提要"选项。

STEP 05：

这时可在右侧"预览"区中看到添加的效果。

STEP 06：

按照同样的方法为其他需要添加特效的视频添加视频效果。

STEP 07：

视频制作完成，单击"预览"区中的"播放"按钮观看视频。

【操作目标2】

添加视频过渡。

【操作步骤】

STEP 01：

在添加视频特效操作的基础上，在"情节提要"区，选择需要添加过渡的两段视频剪辑或图片的中间位置。

STEP 02：

在"工具"菜单中选择"视频过渡"选项或在"电影任务"区的"编辑电影"选项卡下，选择"查看视频过渡"选项。

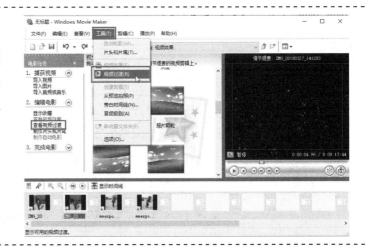

STEP 03:

在"内容"区中，会出现各种类型的过渡效果，单击要添加的视频过渡。

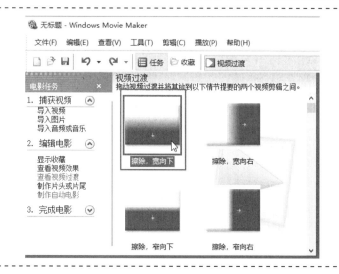

STEP 04:

在"剪辑"菜单中，选择"添加至情节提要"选项。

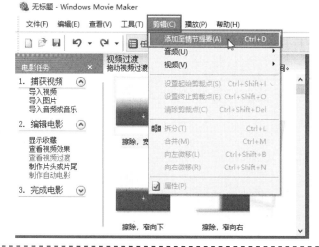

STEP 05:

视频制作完成，单击"预览区"中的"播放"按钮观看视频。

知识解析

关于特效

将素材导入 Windows Movie Maker 后，就可以为视频添加特效了。视频特效是指播放视频时的一些特殊效果，在 Windows Movie Maker 中，可以添加艺术、黑白、电影、镜像、动作和淡化等多种效果。

通常情况下，相邻的两个视频或照片素材之间是直接切换的，这样显得太突兀，可以在其间加上过渡效果，使画面的切换平滑、自然。在 Windows Movie Maker 中，可以添加对角线、溶解、擦除、平移和缩放等多种效果。

技能点 14 完成电影

【操作目标 1】

通过快速访问工具栏保存电影。

【操作步骤】

单击标题栏最左侧快速访问
工具栏中的"保存"按钮，弹出"将
项目另存为"对话框，设置保存位
置、文件名，最后单击"保存"按
钮，即可保存电影。需要注意的是，
使用该方法只能保存电影的项目
文件。

【操作目标 2】

通过"文件"菜单中的"保存项目"选项保存电影。

【操作步骤】

打开"文件"菜单项，在弹出的菜
单中选择"保存项目"选项或"将项目
另存为"选项，这两个选项都可以弹出
"将项目另存为"对话框，设置保存位置、
文件名，最后单击"保存"按钮，即可
保存电影。

使用该方法也只能保存电影的项目
文件。

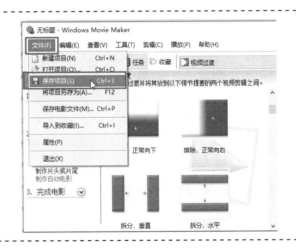

【操作目标 3】

通过"文件"菜单中的"保存电影文件"选项保存电影。

【操作步骤】

STEP 01：

打开"文件"菜单项，在弹出的菜
单中选择"保存电影文件"选项。

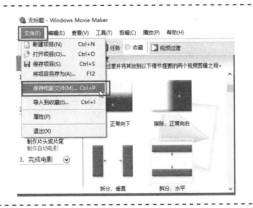

STEP 02：

　　弹出"保存电影向导"对话框，选择"我的电脑"选项后单击"下一步"按钮。

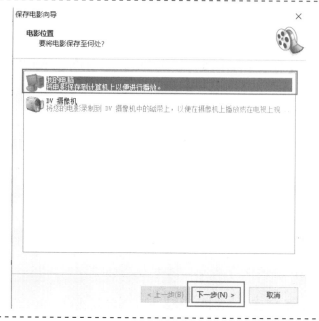

STEP 03：

　　设置电影名称及保存位置后，单击"下一步"按钮。

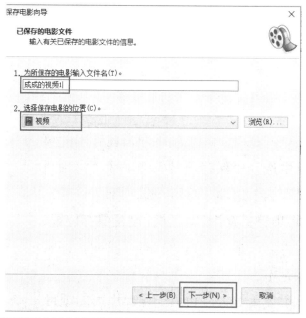

STEP 04：

　　选中"在我的计算机上播放的最佳质量"单选按钮，然后单击"下一步"按钮。

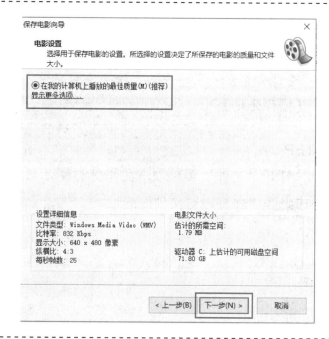

STEP 05：

经过一段时间后，提示电影保存完成，单击"完成"即可。

如果勾选"单击'完成'后播放电影"复选框，单击"完成"按钮后可以直接播放电影。

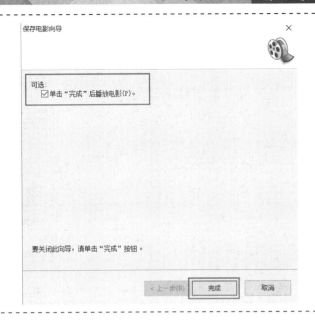

模块 4 在 Windows 10 应用商店中畅玩游戏

应用商店的出现，让 Windows 10 系统更像是一款手机或平板电脑上的智能系统。访问 Windows 10 应用商店需要用户登录微软账号，用户下载过的应用会同步保存在账户中。在 Windows 10 应用商店中，提供了多种类型的游戏，适合各类玩家。

技能点 15 魔术拼图

【操作目标】

在线玩游戏"魔术拼图"。

【操作步骤】

STEP 01：

单击"开始"菜单，选择"魔术拼图"应用程序。

STEP 02：

打开游戏界面，选择"动物"图标。

STEP 03：

在"动物"界面中提供了很多
图片，这里以戴领结的猫为例。

STEP 04：

单击"开始游戏"按钮。

STEP 05：

从侧栏选择拼图块，并将它们
放到中间的拼图板上。

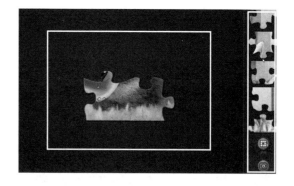

✓☑ **知识解析**

魔术拼图

魔术拼图是一款画面精致的拼图游戏，非常有乐趣和挑战性，它要求用户将散乱
的拼图块拼合成完整的图画。所有游戏都需要去应用商店下载，并且登录后才能进行
操作。

习　题　6

一、填空题

1．Windows Media Player 可以自定义_____，收藏媒体文件。

2．初次使用 Windows Media Player 软件时需要进行_____。

3．要调整 Windows Media Player 播放列表中文件的顺序，可在_____中选择_____，然后按住_____拖动。

4．在 Windows Media Player 中通过播放列表播放音乐，可在播放列表中_____需要播放的音乐，即可开始播放。

5．在播放音乐的过程中，还可以对文件进行_____、_____、_____等操作。

6．如果将 Windows Media Player 设为其支持类型的文件的默认播放器，那么只需_____即可。

7．Windows 照片查看器的菜单栏,包含许多菜单项,可以对图片进行_____、_____、_____、_____等操作。

8．在 Windows 照片查看器中，如果照片的显示方向与正常显示方向相反，那么可以单击_____按钮或_____按钮来调整。

9．通常情况下，相邻的两个视频或照片素材之间是直接切换的，但这样显得太突兀，可以在其间加上_____，使画面的切换平滑、自然。

10．在 Windows 10 操作系统中所有游戏都需要去_____下载，并且_____才能进行游戏。

二、选择题

1．在 Windows Movie Maker 中，以下不能添加的效果是（　　）。

A．对角线　　　　　　　　　B．溶解

C．美颜　　　　　　　　　　D．擦除

2．在 Windows 10 操作系统中所有游戏都需要去（　　）下载，并且在线才能进行游戏。

A．应用商店　　　　　　　　B．淘宝

C．京东　　　　　　　　　　D．网易考拉

3．在 Windows 照片查看器中，将照片放大后，还可以按住（　　）拖动照片，查看照片的其他部分。

A．ctrl　　　　　　　　　　B．shift

C．鼠标左键　　　　　　　　D．鼠标右键

4. Windows 照片查看器是集成在 Windows 操作系统中的一个（　　　）。

    A．修图软件   B．动画软件

    C．音频软件   D．看图软件

5. Windows Media Player 不可以播放的文件格式（　　　）。

    A．MP3   B．FLA

    C．WMA   D．WAV

三、简答题

1. 简述如何在 Windows Media Player 中创建播放列表。

2. 简述如何在 Windows Media Player 将播放列表中的某个文件删除。

3. 在 Windows Media Player 中，通过播放列表播放音乐的方法有几种？分别是什么？

4. 简述如何在 Windows 照片查看器中复制照片。

第7章

配置与管理用户账户

模块 1　用户账户的创建

从 Windows 98 操作系统开始，就可以在一台计算机上支持多用户多任务，当多人使用同一台计算机时，可以在 Windows 操作系统中分别为这些用户设置自己的用户账户，每个用户用自己的账户登录 Windows 操作系统，并且多个用户之间的 Windows 设置是相对独立、互不影响的。

在安装操作系统时，操作系统会自动创建用户账户，如果需要，可以创建新的账户，还可以根据情况将新账户设置为不同的类型。在 Windows 10 操作系统中，有两种账户类型供用户选择，分别为本地账户和 Microsoft 账户。

技能点 01　添加本地账户

【操作目标】

添加名为"YN"的本地账户。

【操作步骤】

STEP 01：

打开控制面板，在"用户账户"组中单击"更改账户类型"选项。

STEP 02：

弹出"管理账户"窗口，单击"在电脑设置中添加新用户"选项。

STEP 03：

打开账户"设置"窗口，在"家庭和其他人员"选项卡中单击"将其他人添加到这台电脑"选项。

STEP 04：

切换到"为这台电脑创建一个账户"界面，输入用户名、密码和密码提示，然后单击"下一步"按钮。

STEP 05：

此时可以在账户"设置"窗口中，"家庭和其他人员"选项卡下看到新添加的本地账户"YN"。

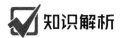知识解析

管理员用户和标准账户

本地账户分为管理员账户和标准账户，管理员账户拥有计算机的完全控制权，可以对计算机做任何更改，而标准账户是系统默认的常用本地账户，对于一些影响其他用户使用和系统安全性的设置，标准账户是无法更改的。

功　　能	管理员用户	标准账户
使用计算机上安装的应用程序	√	√
安装或卸载硬件驱动	√	
删除计算机运行所必需的系统文件	√	
更改计算机上会影响其他用户的设置	√	
更改其他用户账户（创建、删除、更改密码）	√	

技能点 02　　添加 Microsoft 账户

【操作目标】

添加名为"DL-lifei"的 Microsoft 账户。

【操作步骤】

STEP 01：

按照上面介绍的方法打开账户"设置"窗口，在"电子邮件和应用账户"选项卡中单击"添加 Microsoft 账户"选项。

STEP 02：

切换到"Microsoft 账户登录"界面，若已有账户，输入电子邮件和密码，单击"登录"按钮即可，若没有账户，则单击"创建一个"选项。

STEP 03：

切换到"让我们来创建你的账户"界面，输入电子邮件和密码，单击"下一步"按钮。

STEP 04：

切换到"查看与你相关度最高的内容"界面，单击"下一步"按钮，等待创建完成即可。

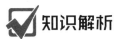
知识解析

　　本地账户就是 Windows 7 及更早版本的操作系统的账户。账户配置信息只保存在本机。本地账户在重装系统、删除账户时会彻底消失。

　　Microsoft 账户是 Windows 10 操作系统特有的一种用户账户，它使用一个电子邮箱地址作为用户账户。使用 Microsoft 账户登录时，可以从 Windows 应用商店下载应用、在 Microsoft 应用中自动获取在线内容，还可以在线同步设置，以便在不同的计算机上获得同样的观感体验等。使用 Microsoft 账户的登录方式叫联机登录，你需要输入 Microsoft 账户密码授权，并以 Microsoft 账户密码作为登录密码，账户配置文件保存在 zi（One Drive）中。若重装系统、删除账户，并不会删除账户的配置文件；若使用 Microsoft 账户登录第二台计算机，则会为两台计算机分别保存两份配置文件，并以计算机品牌型号命名配置，便于记忆。Microsoft 账户除可登录 Windows 操作系统之外，还可登录 Windows Phone 手机操作系统，实现计算机与手机的同步。同步内容包括日历、配置、密码、电子邮件、联系人、One Drive 等。

模块 2　用户账户的管理

　　在 Windows 10 操作系统中，用户不仅可以创建新账户，还可以对用户账户进行管理，如更改用户账户的类型、重命名用户账户、更改用户账户的图片、添加用户账户的密码等。

技能点 03 删除用户账户

【操作目标】

删除账户"test"。

当用户不再需要某个账户时，可以将该账户删除，删除账户后，不能再使用该账户登录计算机。删除账户的具体操作步骤如下。

【操作步骤】

STEP 01：

在"管理账户"窗口中选择要删除的账户。

STEP 02：

切换到"更改账户"窗口，单击左侧的"删除账户"选项。

STEP 03：

切换到"删除账户"窗口，选择是否保留账户文件，这里单击"删除文件"按钮。

STEP 04：

切换到"确认删除"窗口，单击"删除账户"按钮，即可删除选择的账户。

技能点 04　更改用户账户的类型

【操作目标】

将标准账户"YN"更改为管理员账户类型。

【操作步骤】

STEP 01：

打开控制面板，在"用户账户"组中单击"更改账户类型"选项。

STEP 02：

打开"管理账户"窗口，选择要更改的账户。

STEP 03：

切换到"更改账户"窗口，单击左侧的"更改账户类型"选项。

STEP 04：

选择新的账户类型，这里将该账户设置为"管理员"账户，然后单击"更改账户类型"按钮。

STEP 05：

此时可看到选择的账户类型已更改。

技能点 05　重命名用户账户

【操作目标】

将本地账户"test"名称更改为"test-2"。

【操作步骤】

STEP 01：

按照同样的方法打开"管理账户"窗口，选择要更改名称的账户。

STEP 02：

切换到"更改账户"窗口，单击左侧的"更改账户名称"选项。

STEP 03：

切换到"重命名账户"窗口，在文本框中输入新账户名，然后单击"更改名称"按钮。

STEP 04：

此时可以看到账户名称已更改。

技能点 06　更改用户账户的图片

【操作目标】

将本地账户 "test-2" 的用户账户图片更改为素材中的图片。

【操作步骤】

STEP 01：

切换到 "开始" 屏幕，单击账户名称，在弹出的下拉列表中选择 "更换账户设置" 选项。

STEP 02：

切换到账户 "设置" 窗口，选择 "你的信息" 选项卡，单击 "浏览" 按钮，也可以单击 "摄像头" 按钮，利用摄像头拍照。

STEP 03：

在计算机中选择要作为账户图
片的图片，单击"选择图片"按钮。

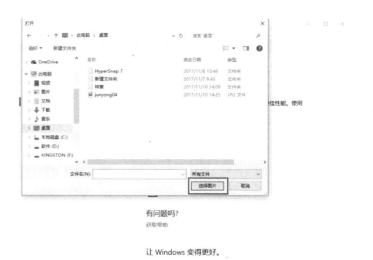

STEP 04：

此时可看到选择的图片被设置
为账户图片。

技能点 07　添加、更改用户账户的密码

【操作目标】

为账户"test-2"添加密码，之后将已经设置好的密码更改为其他密码。

【操作步骤】

STEP 01：

在"管理账户"窗口中选择要
添加密码的账户。

STEP 02：

切换到"更改账户"窗口，单击左侧的"创建密码"选项。

STEP 03：

切换到"创建密码"窗口，在文本框中为该账户设置一个密码，然后在下方的文本框中输入密码提示，最后单击"创建密码"按钮。

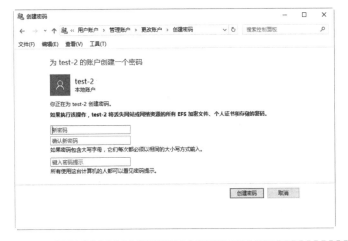

STEP 04：

此时可以看到密码创建成功。

STEP 05：

创建完密码后，界面左侧出现"更改密码"选项，要更改密码，可单击"更改密码"选项。

STEP 06:

切换到"更改密码"窗口，设置新密码并输入密码提示，然后单击"更改密码"按钮，即可更改账户密码。

习 题 7

一、填空题

1. 从 Windows 98 操作系统开始，就可以在一台计算机上支持多_____多_____，当多人使用同一台计算机时，可以在系统中分别为这些用户设置自己的用户账户。

2. 每个用户用自己的账号登录 Windows 系统，并且多个用户之间的 Windows 设置是相对_____、互不影响的。

3. 在 Windows 10 操作系统中，有两种账户类型供用户选择，分别为_____账户和_____账户。

4. 本地账户分为_____和_____。

5. _____账户拥有计算机的完全控制权，可以对计算机做任何更改，而_____账户是系统默认的常用本地账户，对于一些影响其他用户使用和系统安全性的设置，使用标准账户是无法更改的。

二、选择题

1. 下列对管理员用户描述正确的是（多选）（　　）。
    A. 管理员用户可以在计算机上安装应用程序。
    B. 管理员用户可以在计算机上安装硬件驱动。
    C. 管理员用户可以在计算机上运行系统文件。
    D. 管理员用户可以在计算机上更改其他用户账户（创建、删除、更改密码）。

2. 下列对标准账户描述正确的是（　　）。
    A. 管理员用户可以在计算机上安装应用程序。
    B. 管理员用户可以在计算机上安装硬件驱动。
    C. 管理员用户可以在计算机上运行系统文件。
    D. 管理员用户可以在计算机上更改其他用户账户（创建、删除、更改密码）。

3. 下列对本地账户描述正确的是（多选）（　　）。

  A．本地账户就是 Windows 7 及更早版本的操作系统的账户。

  B．账户配置信息只保存在本机。

  C．本地账户在重装系统、删除账户时会彻底消失。

  D．本地账户在重装系统、删除账户时不会彻底消失。

4．下列对 Microsoft 账户描述正确的是（多选）（　　　）。

  A．Microsoft 账户是 Windows 10 操作系统特有的一种用户账户。

  B．它使用一个电子邮箱地址作为用户账户。

  C．若重装系统、删除账户，并不会删除账户的配置文件。

  D．Microsoft 账户除了可登录 Windows 操作系统，还可登录 Windows Phone 手机操作系统，实现计算机与手机的同步。

5．在 Windows 10 操作系统中，用户可以进行的操作有（多选）（　　　）。

  A．对用户账户进行管理。

  B．更改用户账户的类型。

  C．重命名用户账户。

  D．更改用户账户的图片、添加用户账户的密码。

三、简答题

  1．简述如何在 Windows 10 操作系统中新建一个本地用户账户，命名为"新建账户"，并设置该账户密码为"123456"。

  2．简述如何在 Windows 10 操作系统中创建一个 Microsoft 账户，并用该账户登录手机操作系统，实现计算机与手机的同步。

第 8 章

Windows 10 硬件与驱动管理

模块 1　查看硬件设备

计算机是由很多硬件组成的，包括电子、机械、光电元件等物理装置，它们为计算机运行提供了必要的物质基础，管理好这些硬件设备，可以很好地提高计算机的运行能力。通过查看系统信息，可以对计算机的硬件设备信息有基本的了解，最常用的查看系统信息的方法是借助于 Windows 10 桌面上的"此电脑"图标来完成，我们可以通过"个性化"设置来调出"此电脑"图标。

技能点 01　查看基础硬件设备

【操作目标】

运用"此电脑"图标查看计算机基础硬件设备。

【操作步骤】

STEP 01：

右击计算机桌面空白处，在弹出的快捷菜单中选择"个性化"选项，打开个性化"设置"窗口。

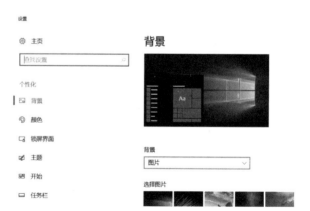

STEP 02:

打开"主题"选项卡，然后在右侧"相关的设置"选区下单击"桌面图标设置"选项。

STEP 03:

在弹出的"桌面图标设置"窗口中勾选"计算机"复选框，然后单击"确定"按钮，桌面上显示出"此电脑"图标。

STEP 04:

右击桌面上的"此电脑"图标，在弹出的快捷菜单中选择"属性"选项。

STEP 05:

在打开的"系统"窗口中，可以查看计算机的制造商、型号、处理器、已安装的内存（RAM）、系统的类型，以及笔和触控等基础信息。

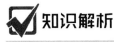 **知识解析**

计算机的基础外设

从外观看，计算机硬件设备由主机箱和外部设备组成，其中主机箱包括处理器（CPU）、内存、主板、硬盘驱动器、光盘驱动器、电源及各连接线等，外部设备包括鼠标、键盘等，计算机硬件的功能主要是输入、存储和处理数据。

计算机处理器，也称为中央处理器（Central Processing Unit），即我们常说的 CPU，是一台计算机的运算核心和控制核心，是计算机的中枢神经系统。内存（Memory）也被称为内存储器，它可以暂时存放 CPU 中的运算数据，并与硬盘等外部存储器交换数据，由于所有程序的运行都是在内存中进行的，因此内存对计算机性能的影响非常大。

模块 2　安装硬件设备

在使用 Windows 10 系统时，当有外来设备接入计算机时，系统就会提示是否安装此设备。虽然比较便捷，但是部分用户对这个提示感到厌烦，我们可以通过更改设备安装设置来解决这个问题。同样，用户也可以进行硬件的扫描和安装。

技能点 02　设备安装设置

【操作目标】

对硬件设备安装情况进行设置。

【操作步骤】

STEP 01：

右击桌面上的"此电脑"图标，在弹出的快捷菜单中选择"属性"选项，打开"系统"窗口。

STEP 02：

单击"高级系统设置"选项，弹出"系统属性"对话框。

STEP 03：

打开"硬件"选项卡，单击"设备安装设置"选区中的"设备安装设置"按钮，弹出"设备安装设置"窗口。

STEP 04：

在"设备安装设置"对话框中进行更改，在"是否要自动下载适合你设备的制造商应用和自定义图标"选区中选中"是（推荐）"或"否（你的设备可能无法正常工作）"单选按钮，然后单击"保存更改"按钮即可。

📋 知识解析

在"是否要自动下载适合你设备的制造商应用和自定义图标"选项中进行选择，设置为"是（推荐）"选项，则会自动下载驱动程序，设置为"否（你的设备可能无法正常工作）"选项，会出现不同的选项。

① 始终从 Windows Update 安装最佳驱动程序软件。

② 在我的计算机上找不到驱动程序软件时，从 Windows Update 安装。

③ 从不安装来自 Windows Update 的驱动程序软件。

自动识别安装多为公版驱动程序，容易出现意想不到的问题。为了获得最优性能，应该安装硬件自带的驱动程序或从官方网站下载的专用驱动程序。

技能点 03　安装硬件设备

【操作目标】

为计算机安装新的硬件设备。

【操作步骤】

STEP 01：

安装好需要的硬件，右击桌面上的"此电脑"图标，选择"属性"选项，打开"系统"窗口。单击"设备管理器"选项，打开"设备管理器"窗口。

STEP 02：

打开"设备管理器"窗口后，即可看到计算机未隐藏的设备。

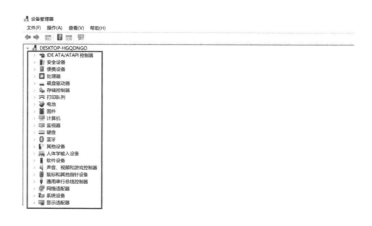

STEP 03：

选择需要安装的硬件名称，在"操作"的下拉菜单中选择"扫描检测硬件改动"选项，即可对该硬件进行扫描。

STEP 04：

在"操作"的下拉菜单中选择"添加过时硬件"选项，弹出"添加硬件"对话框。

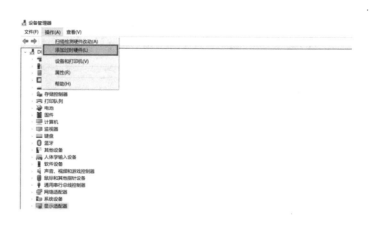

STEP 05：

在"添加硬件"对话框中单击"下一步"按钮。

STEP 06：

在对话框中选中"搜索并自动安装硬件"或"安装我手动从列表选择的硬件"单选按钮，然后单击"下一步"按钮，即可安装硬件。

☑ 知识解析

设备管理器

设备管理器可以查看所有设备（处理器、摄像头、网络适配器、显示适配器、音频输入和输出等）的硬件驱动程序是否正常，如果没有感叹号，则说明计算机硬件及驱动程序正常；如果显示黄色感叹号，则说明有新硬件或驱动程序有问题，需要找到该设备进行驱动程序更新。

同时按下【Win+I】键，在弹出的"Windows 设置"窗口中也可以添加蓝牙、打印机及鼠标等硬件设备。

模块3 利用设备管理器管理硬件设备

设备管理器是管理计算机硬件设备的工具程序，其功能非常强大，它可以让用户便捷地查看更改设备属性、安装更新设备驱动程序、卸载设备等。下面我们学习运用快捷方式和桌面图标来打开设备管理器、运用设备管理器停用和启动设备，以及显示隐藏设备的方法。

技能点 04 打开设备管理器

【操作目标】

打开设备管理器的快捷方法。

【操作步骤】

STEP 01：

方法一：按下【Win+X】组合键可以打开系统快捷菜单，选择"设备管理器"选项，即可打开"设备管理器"窗口。

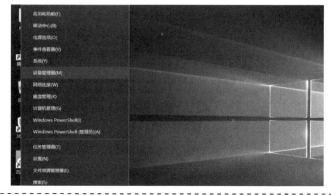

STEP 02：

方法二：按下【Win+R】组合键弹出"运行"对话框，输入"devmgmt.msc"，然后单击"确定"按钮，即可打开"设备管理器"窗口。

☑ 知识解析

设备管理器的常用鼠标操作打开方式有两种：

1. 右击桌面上的"此电脑"图标，选择"属性"选项，在打开"系统"窗口中单击"设备管理器"按钮即可。

2. 右击"开始"菜单，在弹出的菜单中选择"打开"选项。

技能点 05　查看硬件的属性

【操作目标】

利用桌面图标调出设备管理器，并查看硬件的详细属性。

【操作步骤】

STEP 01：

右击桌面上的"计算机"图标，在弹出的快捷菜单中选择"属性"选项，弹出"系统"窗口。

STEP 02：

单击左侧窗格中"设备管理器"按钮，在右侧窗格中显示可查看硬件的配置。

STEP 03：

双击设备的名称，或者单击具体设备前面的三角形结点，即可展开设备的详细名称信息。

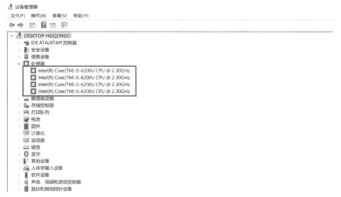

STEP 04：

在详细设备名称上单击鼠标右键，然后在弹出的快捷菜单上选择"属性"选项。

STEP 05：

在弹出的"属性"对话框中即可显示当前硬件的详细信息。

知识解析

计算机一般分为硬件和软件两大部分，硬件分为主机和外部设备，软件分为系统软件应用软件，通过设备管理器可以查看计算机硬件的属性。

设备管理器只能管理本地计算机上的设备，对于远程的计算机，它只能以只读模式工作，可以查看计算机的硬件配置，但不能更改其配置。

技能点 06　启用/禁用设备

【操作目标】

启用或禁用硬件设备。

【操作步骤】

STEP 01：

打开"设备管理器"窗口，展开需要禁用的设备。用鼠标右键单击设备名称，在弹出的下拉菜单中选择"禁用设备"选项。

STEP 02：

在弹出的对话框中选择是否禁用此设备，若单击"是"按钮，则禁用该设备，若单击"否"按钮，则取消该操作。

STEP 03：

如果选择禁用此设备，则该设备图标上会出现一个黑色向下的小箭头。

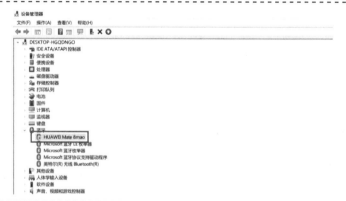

STEP 04：

设备禁用后，在禁用设备名称上单击鼠标右键，在弹出的下拉菜单中选择"启用设备"选项，即可启用该设备。

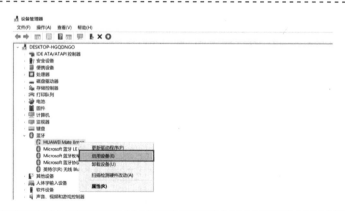

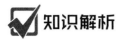 **知识解析**

如果你觉得不需要运行某个硬件设备，如光驱、多余的网卡、IDE 设备等，都可以在设备管理器里禁用该设备。

技能点 07　显示隐藏的设备

【操作目标】

显示隐藏的硬件设备。

【操作步骤】

STEP 01：

打开"设备管理器"窗口。

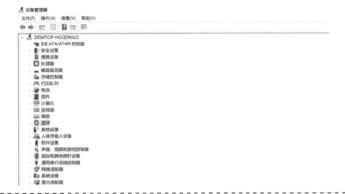

STEP 02：

打开"查看"菜单，在下拉菜单中选择"显示隐藏的设备"选项。

STEP 03：

在"设备管理器"窗口中可以看到先前被隐藏的设备。

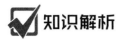 **知识解析**

计算机经常会插入一些外部移动设备，慢慢地会在设备管理器中产生很多隐藏的信息，可能会造成某些意想不到的问题，这时就需要显示隐藏的设备，将通用卷、通用串行总线控制器和磁盘驱动器等项目卸载。

模块 4	在设备管理器中更新/卸载驱动程序

硬件设备的驱动程序作为操作系统与硬件设备的接口，是直接同硬件打交道的软件模块。驱动程序有三个来源：一是来源于操作系统自身集成；二是硬件自带的驱动程序光盘；三是通过网站下载。对于 Windows 10 系统而言，几乎不需要安装设备驱动程序。

技能点 08　更新驱动程序

【操作目标】

更新设备的驱动程序。

【操作步骤】

STEP 01：

打开"设备管理器"窗口。

STEP 02：

右击需要更新设备的名称，在弹出的快捷菜单中选择"更新驱动程序"选项。

STEP 03：

在弹出的对话框中选择"自动搜索更新的驱动程序软件"或"浏览我的计算机以查找驱动程序软件"选项，以选择搜索驱动程序的方式。

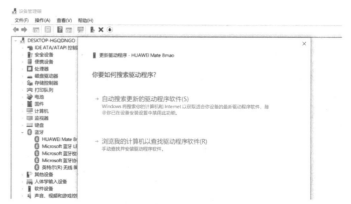

STEP 04：

　　选择"自动搜索更新的驱动程序软件"选项，则会在互联网上联机搜索需要的驱动程序。

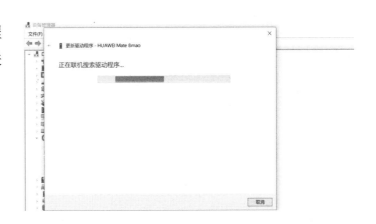

STEP 05：

　　选择"浏览我的计算机以查找驱动程序软件"选项，允许用户在计算机中查找需要的驱动程序，然后单击"下一步"按钮即可。

☑ 知识解析

　　安装硬件设备驱动程序的方式有两种：一是运用 Windows 系统或驱动软件来自动识别硬件并安装；二是由用户运行安装程序来安装。可通过 Windows 系统更新自动下载并安装适用于 Windows 10 和许多设备（如网络适配器、监视器、打印机和视频卡）的驱动程序进行更新。

　　如果 Windows 系统找不到新的驱动程序，你可以在设备制造商的网站上查找驱动程序并按照说明进行操作。

　　如果有最新的驱动程序，但你使用设备时遇到问题，可以通过以上方式更新该驱动程序或重新安装驱动程序来修复它。

技能点 09　卸载驱动程序

【操作目标】

Windows 10 驱动程序的卸载。

【操作步骤】

STEP 01：

打开"设备管理器"窗口。

STEP 02：

右击需要卸载的设备名称，在弹出的快捷菜单中选择"卸载设备"选项。

STEP 03：

选择"卸载设备"选项后，会弹出"卸载设备"对话框。若单击"卸载"按钮，则确认卸载程序；若单击"取消"按钮，则取消该操作。

 **知识解析**

卸载计算机中不再使用的硬件设备，并不妨碍以后自己在计算机中再使用相关的硬件设备，而在相关硬件设备使用完毕后，也建议大家删除与之对应的硬件信息以避免泄露隐私。

习 题 8

一、填空题

1．计算机一般可以分为硬件和软件两大部分，硬件分为主机和_____，软件分为系统软件以及应用软件。

2．计算机处理器，也称为中央处理器（Central Processing Unit），即我们常说的_____，是一台计算机的运算核心和控制核心，是计算机的中枢神经系统。

3．当不需要计算机自动下载适合设备的制造商应用时，我们可以在设备安装设置对话框中选择_____。

4．如果需要查看计算机硬件的属性，需要打开_____。

5．设备管理器中的设备如果显示黄色感叹号，则说明有新硬件或驱动程序有问题，需要找到该设备进行_____。

6．一个设备被禁用后，用鼠标右键单击图标，选择_____即可启用该设备。

7．如果需要显示隐藏的设备，需要勾选设备管理器窗口中_____菜单下的"显示隐藏的设备"选项。

8．_____作为操作系统与硬件设备的接口，是直接同硬件打交道的软件模块。

9．更新设备的驱动程序时，需要在任务管理器窗口中用鼠标右键单击设备名称，在弹出的菜单中选择_____选项。

二、选择题

1．以下哪项可以在桌面上调出"此电脑"图标（　　　）。

　　A．鼠标右键单击桌面，选择"个性化"选项，单击"桌面图标设置"按钮，在窗口中勾选"计算机"复选框即可。

　　B．鼠标右键单击桌面，选择"个性化"选项，在下拉菜单中勾选"计算机"复选框即可。

　　C．按下【Win+X】组合键快速打开系统快捷菜单，在其中勾选"计算机"复选框即可。

2．从外观看，计算机硬件设备由主机箱和外部设备组成，下列不属于主机箱设备的是（　　　）。

　　A．主板　　　　　　　　　B．光盘驱动器　　　　　　　C．鼠标

3．下面哪项不属于在　"设备安装设置"对话框中选择"否"后出现的选项（　　　）。

　　A．始终从 Windows Update 安装最佳驱动程序软件。

　　B．在我的计算机上找不到驱动程序软件时从"最近连接网络"中安装。

　　C．从不安装来自 Windows Update 的驱动程序软件。

4．打开设备管理器的方法不包括（　　　）。

　　A．鼠标右键单击"此电脑"图标，选择"属性"选项，然后单击窗口中的"设备管理器"按钮。

　　B．按下【Win+X】组合键，即可打开"设备管理器"窗口。

　　C．按下【Win+R】组合键调出"运行"程序，输入"devmgmt.msc"，然后单击"确定"按钮即可。

5．图标 代表的意义是（　　　）。

　　A．该设备正常　　　　　　B．该设备需要更新　　　　　C．该设备被禁用

三、简答题

1．简述内存储器在计算机中的作用和影响。

2．请说出硬件设备驱动程序的三个来源。

第 9 章

应用软件的安装与管理

模块 1　计算机软件简介

计算机软件分为系统软件和应用软件。系统软件的主要功能是调度、监控和维护计算机系统，负责管理计算机系统中各种独立的硬件，使得它们可以协调工作，如操作系统；应用软件是为满足用户不同领域、不同问题的应用需求而提供的软件，可以拓宽计算机系统的应用领域，放大硬件的功能，如 Office 办公软件、压缩解压软件、杀毒软件等。

操作系统是应用软件的基础，它使计算机软件与硬件完美结合，应用软件都是运行在操作系统之上。而丰富的应用程序又可以使操作系统更易为用户接受。众多的应用程序也要求使用者具备基本的操作和管理能力。

模块 2　应用软件的安装与启动

应用软件是计算机应用中重要的组成部分。在日常的使用中，为了实现更多的功能，除了系统自带的软件，我们还应知道如何在 Windows 10 中安装和使用各种第三方应用软件。

技能点 01　应用软件的安装

【操作目标】

获取并安装 QQ 即时通信软件。

【操作步骤】

STEP 01:

用浏览器打开 QQ 软件官方下载地址，单击"立即下载"按钮。

STEP 02:

在弹出的提示框中单击"保存"右侧的下拉按钮，在下拉菜单中选择"另存为"选项。

STEP 03:

在弹出的"另存为"对话框中，选择想要保存的位置，单击"保存"按钮。

STEP 04:

在弹出的提示框中单击"运行"按钮，启动安装程序。也可以进入安装程序保存的目录，双击安装程序图标进行安装。

STEP 05：

在弹出的对话框中单击"是"
按钮。

STEP 06：

在安装界面中选择"自定义选
项"选项，可根据个人需要，选择
安装目录、是否开机自动启动、文
件保存目录等。

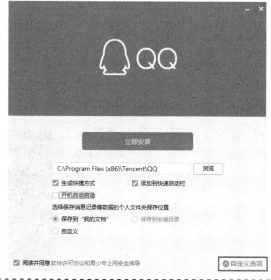

STEP 07：

安装完成后，要注意弹出来的
窗口中是否有默认的勾选选项，如
果有安装其他软件的选项，先取消
选项再单击确定，避免被动安装不
必要的或者不安全的软件。

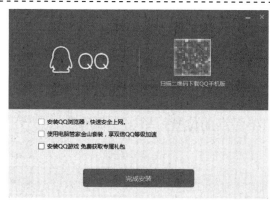

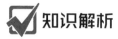知识解析

获取通用应用软件

除了通过官方网站等传统渠道获取应用软件安装程序，我们还可以通过第 1 章介
绍过的 Windows 应用商店获取想要安装的通用应用软件的版本。

通用应用软件与传统的应用软件具有基本一致的功能和体验，获取和安装也较传
统方式更为简便，但是在病毒和木马泛滥的互联网上，随意下载的安装程序很可能给
我们的计算机埋下安全隐患，而通过 Windows 官方应用商店下载的应用软件，则可以
保证应用软件的纯净与安全。

我们日常使用的很多主流应用软件都已经开发出了通用应用版本，不妨在
Windows 应用商店中搜一搜。

技能点 02　应用软件的启动与运行

【操作目标】

以 4 种方法启动 QQ 软件。

【操作步骤】

STEP 01：

第 1 种方法：在桌面上找到 QQ 软件的快捷方式图标"腾讯 QQ"，双击该图标，系统将启动 QQ 登录界面。

STEP 02：

第 2 种方法：单击"开始"按钮，启动开始菜单，按字母顺序找到"腾讯软件"目录并展开，单击"腾讯 QQ"选项，启动 QQ 登录界面。

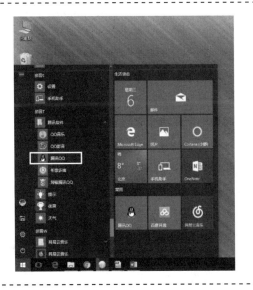

STEP 03：

第 3 种方法：通过文件资源管理器，进入程序安装的目录"C:\Program Files(x86)\Tencent\QQ\Bin"，找到"QQ.exe"应用程序文件，双击启动 QQ 登录界面。

STEP 04：

第 4 种方法：进入 Cortana（小娜），在搜索栏中输入"QQ"，在显示的搜索结果中找到"腾讯 QQ"，单击图标，启动 QQ 登录界面。

模块 3　应用软件的关闭

在 Windows 10 操作系统中，应用软件的关闭与 Windows 文件资源管理器等的关闭方法相同。

技能点 03　利用"关闭"按钮关闭软件

【操作目标】

利用"关闭"按钮关闭 QQ 音乐软件。

【操作步骤】

单击软件右上角的"×"，即"关闭"按钮，即可关闭软件。

技能点 04　利用菜单关闭软件

【操作目标】

利用菜单关闭 QQ 音乐软件。

【操作步骤】

使用软件自带的菜单，单击展开后，单击"退出"或"关闭"等字样的菜单项，关闭软件。

技能点 05　在通知区域中关闭软件

【操作目标】

在通知区域中关闭 QQ 音乐软件。

【操作步骤】

STEP 01：

在桌面右下角通知区域，单击"■"按钮，显示隐藏的图标，找到要关闭的软件图标。

STEP 02：

右击想要关闭的软件图标，在弹出的菜单中单击"退出 QQ 音乐"关闭软件。

技能点 06　在任务管理器中关闭软件

【操作目标】

在任务管理器中关闭 QQ 音乐软件。

【操作步骤】

STEP 01：

同时按住键盘上的【Ctrl+Alt+Del】组合键，在弹出的界面中，选择"任务管理器"选项，进入任务管理器界面。

STEP 02：

选中要关闭的软件，单击"结束任务"按钮，即可关闭软件。需要注意的是，此种方法可能导致软件未保存的数据丢失。因此，通常不建议采用此种方法关闭软件，仅在通过前文所述方法无法正常关闭软件时，才建议使用此种方法。

模块 4　卸载应用

对于有些不需要的软件，可以卸载，以节省系统空间和资源，尤其是一些恶意捆绑安装的软件。对于正常安装的应用软件，不能单纯地通过删除程序所在文件夹来删除，必须通过卸载才能彻底从系统中删除。

技能点 07　在"开始"屏幕中卸载软件

【操作目标】

在"开始"菜单中卸载 QQ 软件。

【操作步骤】

STEP 01：

单击屏幕左下角 Windows 图标"▦"，启动开始菜单，按字母顺序找到"腾讯软件"目录并展开，单击"卸载腾讯 QQ"选项，启动卸载程序。

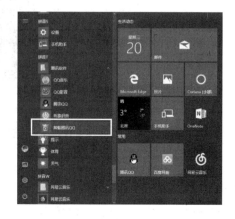

STEP 02：

在弹出的"用户账号控制"对话框中单击"是"按钮。

STEP 03：

在弹出的对话框中单击"是"按钮，完成软件的卸载。

技能点 08　在安装目录中卸载软件

【操作目标】

在安装目录中卸载 QQ 软件。

【操作步骤】

通过文件资源管理器，进入 QQ 软件的安装目录"C:\Program Files(x86)\Tencent\QQ"，找到"QQUninst.exe"卸载程序图标，双击启动卸载程序，后续操作与前述方法相同。

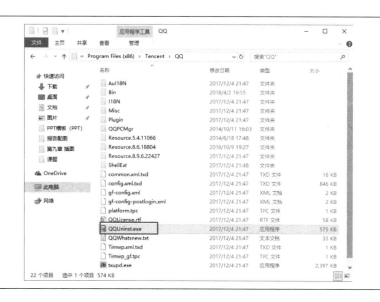

习　题　9

一、填空题

1．计算机软件分为_____和应用软件。

2．操作系统是应用软件的基础，它使计算机软件与硬件完美结合，应用软件都是运行在_____上的。

3．单击软件右上角的"×"，即"_____"按钮，即可关闭软件。

4．从桌面上打开某种软件的方法是_____，系统将启动该软件。

5．同时按住键盘上的"_____"组合键，在弹出的界面中，选择"任务管理器"选项，可以进入任务管理器界面。

二、选择题

1. 安装软件可以通过以下哪种途径（　　　）。

   A．在设备管理器中进行

   B．控制面板中的添加删除程序

   C．在我的计算机中的"打印机"中进行

   D．"开始"菜单中的"文档"命令

2. 下列方法不属于启动软件的方法是（　　　）。

   A．在桌面上找到图标双击启动

   B．从开始菜单中启动

   C．通过文件资源管理器，进入软件安装的目录

   D．从控制面板中进行启动

3. 打开任务管理器的快捷键是（　　　）。

   A．Ctrl+Alt+Del   B．Ctrl+Del

   C．Alt+Del   D．Ctrl+A

4. 下列情形表述不正确的是（　　　）。

   A．任何软件都可以在任务管理器中关闭且没有弊端

   B．在 Windows 10 操作系统中，软件的关闭与 Windows 文件资源管理器等的关闭方法一样

   C．使用软件自带的菜单展开后，单击"退出"或"关闭"等字样的菜单项即可关闭软件

   D．在 Windows 10 系统中，任何软件或者文件都可以通过 Cortana（小娜）功能进行搜索

5. 对于正常安装的软件，不能单纯通过（　　　）程序所在文件夹来删除，必须通过（　　　）才能彻底从系统中删除。

   A．删除   B．新建   C．卸载   D．复制

三、简答题

简述在任务管理器中关闭软件的方法。

第 10 章

网络配置与应用

互联网始于 1969 年美国的阿帕网，近十多年，互联网发展得非常快。目前，人们越来越离不开互联网，它走进了人们生活的方方面面。有了网络，我们可以进行网上学习、购物、娱乐……不出家门便可知天下事。接入互联网的方式有很多种，目前主要有电话拨号上网、ADSL 宽带上网、小区宽带上网、无线上网等多种方式。本章除了介绍网络的基本知识以外，还介绍了局域网的组建、应用和共享设置。

模块 1　计算机网络的基本知识

计算机网络，是指将地理位置不同的具有独立功能的多台计算机及外部设备，通过通信线路连接起来，在网络操作系统、网络管理软件及网络通信协议的管理和协调下，实现资源共享和信息传递。

技能点 01　计算机网络的分类

【认知目标】

能说出计算机网络的分类。

【认知内容】

POINT 01：

计算机网络类型的划分标准多种多样，从地理范围上划分是一种大家都认可的通用标准。

按这种标准可以把计算机网络类型划分为局域网、城域网、广域网三种。

POINT 02：

　　"LAN"是指局域网。这种网络的特点是连接范围窄、用户数少、配置容易、连接速率高。它在计算机数量配置上没有太多限制，少的可以只有两台，多的可达几百台。在物理距离上可以是几米到 10 千米以内。

POINT 03：

　　"MAN"是指城域网。一般指在一个城市，但不在同一地理小区范围内的计算机互联，其连接距离在 10 千米至 100 千米之内。与 LAN 相比，MAN 的扩展距离更长，连接的计算机数量更多，可以说是 LAN 的延伸。由于成本较高，一般在政府、邮政、银行、医院等处应用。

POINT 04：

　　"WAN"是指广域网也称为远程网，覆盖范围比城域网更广，一般是在不同城市之间的 LAN 或者 MAN 网络互联，连接距离可从几百千米到几千千米。由于距离较远，信号衰减比较严重，所以这种网络一般要租用专线。

技能点 02　网络协议

【认知目标】

　　能说出网络协议的层次划分。

【认知内容】

POINT 01：

　　网络协议是计算机网络中为进行数据交换而建立的规则、标准或约定的集合。

POINT 02：

为了使不同厂家生产的计算机能够互相通信，以便在更大的范围内建立计算机网络，国际标准化组织（ISO）在 1978 年提出了"开放系统互联参考模型"，即著名的 OSI/RM 模型。

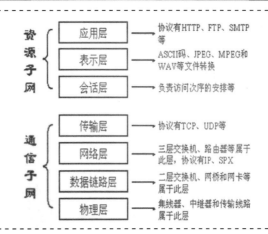

POINT 03：

现行的网络协议有很多种，其中最为常用的是 TCP/IP 协议，此外还有 NetBEU、IPX/SPX 等协议。

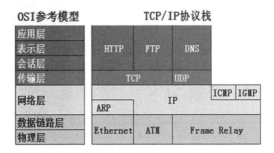

技能点 03　IP 地址

【认知目标】

能判断 IP 地址是否有效。

【操作步骤】

POINT 01：

IP 地址是指互联网协议地址（Internet Protocol Address，又译为网际协议地址），是 IP Address 的缩写。IP 地址是 IP 协议提供的一种统一的地址格式，它为互联网上的每一个网络和每一台主机分配一个逻辑地址，以此来屏蔽物理地址的差异。

POINT 02：

目前常用的 IPv4 地址是一个 32 位的二进制数，通常被分割为 4 个"8 位二进制数"（也就是 4 字节）。

IP 地址通常用"点分十进制"表示成"a.b.c.d"的形式，其中，a、b、c、d 都是 0～255 中的十进制整数。

例如点分十进 IP 地址"172.16.0.2"，实际上是 32 位二进制数"10101100.00010000.00000000.00000010"。

"255.255.255.0"是有效 IP 地址，"255.256.255.0""255.255.0""255，255，255，0"均无效。

技能点 04 端口

【认知目标】

能说出端口的分类。

【认知内容】

POINT 01:

"端口"是英文 port 的意译，可以认为是设备与外界通信交流的出口。

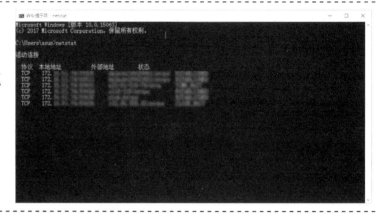

POINT 02:

端口可分为虚拟端口和物理端口，其中虚拟端口指计算机内部或交换机路由器内的端口，不可见，如计算机中的 80 端口、21 端口、23 端口等。

物理端口又称为接口，是可见端口，如计算机背板的 RJ45 网口，交换机、路由器、集线器等的 RJ45 端口。电话使用 RJ11 插口也属于物理端口的范畴。

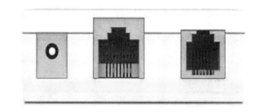

模块 2 局域网的组建与应用

局域网可以实现文件管理、应用软件共享、打印机共享、工作组内的日程安排、电子邮件和传真通信服务等功能。局域网是封闭型的，可以由办公室内的两台计算机组成，也可以由一个公司内的上千台计算机组成。

技能点 05 局域网的基本知识

【认知目标】

能说出局域网特点和类型。

【认知内容】

POINT 01：

局域网（Local Area Network，LAN）是指在某一区域内由多台计算机互联形成的计算机组，一般是方圆几千米以内。局域网具有安装便捷、运维方便、易于拓展、性能稳定、结构封闭、传输速率快等优势，在日常办公和生活中得到了广泛的应用。

POINT 02：

局域网的特点。

（1）覆盖的地理范围较小，只在一个相对独立的局部范围内联网，如一座或几座位置集中的建筑群内。

（2）使用专门铺设的传输介质进行联网，数据传输速率高（10Mb/s～10Gb/s）

（3）通信延迟时间短，可靠性较高。

（4）局域网可以支持多种传输介质。

POINT 03：

局域网的类型很多，若按网络使用的传输介质分类，可分为有线网和无线网；若按网络拓扑结构分类，可分为总线型、星型、环形、树型、网状等。

技能点 06　局域网的拓扑结构

【认知目标】

能说出常用的局域网拓扑结构。

【认知内容】

POINT 01：

星型结构。网络中的每一个节点都通过连接线与中心节点相连，如果一个节点需要传输数据，它首先必须通过中心节点。其优点是传输速度快，并且网络结构简单，建网容易，便于控制和管理。但网络可靠性低，网络共享能力差，一旦中心节点出现故障，会导致全网瘫痪。

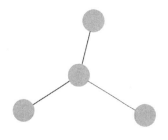

POINT 02:

树型结构。网络成本低，结构比较简单。在网络中，任意两个节点之间不产生回路，每个链路都支持双向传输，并且，网络中节点扩充方便、灵活，寻查链路路径比较简单。

但在这种结构的网络系统中，除节点及其相连的链路外，任何一个节点或链路产生故障，都会影响整个网络系统的正常运行。

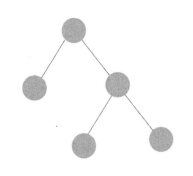

POINT 03:

总线型结构。将各个节点和一根总线相连，所有的节点都通过总线进行信息传输。

总线形结构网络简单、灵活，可扩充性能好，可靠性高、网络节点间响应速度快、共享资源能力强、设备投入量少、成本低、安装使用方便，当某个节点出现故障时，对整个网络系统影响小，但实时性较差。

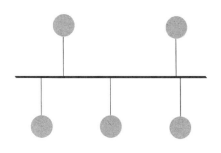

POINT 04:

网状结构。这种网络拓扑结构主要指各节点通过传输线互相连接起来，并且每一个节点至少与其他两个节点相连。网状拓扑结构具有较高的可靠性，但其结构复杂，实现起来费用较高，不易管理和维护，不常用于局域网。

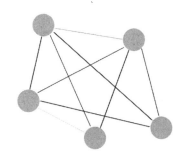

POINT 05:

环形结构：

各节点通过一条首尾相连的通信链路连接起来，其结构比较简单，系统中各节点地位相等。系统中通信设备和线路比较节省。

在该类型网络中信息沿固定方向单向流动，两个节点之间仅有一条通路，系统中无信道选择问题，某个结点的故障将导致物理瘫痪。环形网络中，由于环路是封闭的，所以不便于扩充，系统响应延时长，且信息传输效率相对较低。

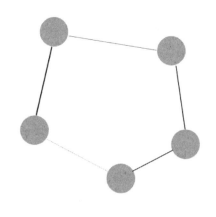

技能点 07　自动获取 IP 地址

【操作目标】

设置自动获取 IP 地址。

【操作步骤】

STEP 01：

打开控制面板，双击"网络和共享中心"图标。

STEP 02：

在打开的"网络和共享中心"窗口中，单击左侧的"更改适配器设置"按钮。

STEP 03：

右击需要进行设置的网络图标，在弹出的快捷菜单中选择"状态"选项。

STEP 04：

在弹出的对话框中选择"属性"
按钮。

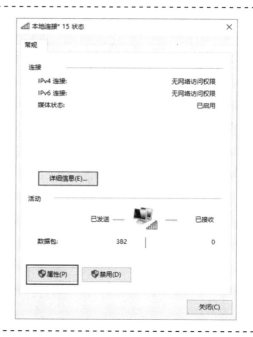

STEP 05：

在弹出的对话框中双击"Internet
协议版本 4（TCP/IPv4）"选项。

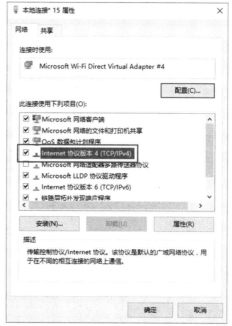

STEP 06：

在弹出的对话框中选择"自动
获得 IP 地址"和"自动获得 DNS
服务器地址"单选按钮。

模块 3 局域网的共享设置

局域网共享设置可帮助局域网用户共享文件夹数据，可通过局域网传输数据，也可以共享打印机提高办公效率。

技能点 08 文件共享

【操作目标】

设置文件共享。

【操作步骤】

STEP 01：

右击需要共享的文件，在弹出的快捷菜单中选择"属性"选项。

STEP 02：

在"共享文件 属性"对话框中，切换至"共享"选项卡，单击"高级共享"按钮。

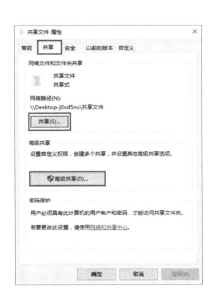

STEP 03:

　　勾选"共享此文件夹"前的复选框，单击"确定"按钮后即完成共享文件的设置。

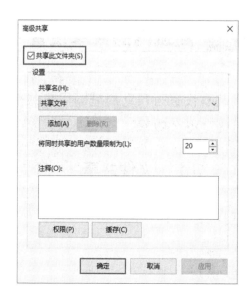

技能点 09　查看共享的文件

【操作目标】

　　查看共享的文件。

【操作步骤】

STEP 01:

　　右击"此电脑"图标，在弹出的快捷菜单中选择"管理"选项。

STEP 02:

　　单击"本地用户和组→用户"选项，在右侧窗格双击各用户，在弹出的对话框中取消"账户已禁用"复选框。

STEP 03：

双击桌面上的"网络"图标，在地址栏里填写刚才设置共享文件的计算机的 IP 地址，即可查看共享文件。

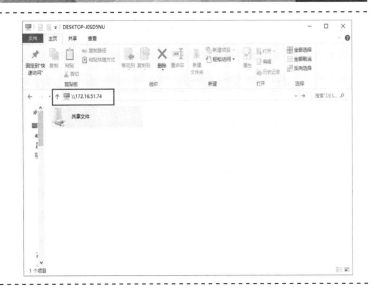

习　题　10

一、填空题

1．按地理范围区分，可以把各种网络类型划分为＿＿＿＿、＿＿＿＿、＿＿＿＿三种。

2．LAN 是＿＿＿＿的缩写。

3．IPv4 地址通过长由＿＿＿＿个 0～255 中的数字和＿＿＿＿个"."组成。

4．计算机背板的网络端口一般是＿＿＿＿网口。

5．常见的局域网络拓扑结构有＿＿＿＿、＿＿＿＿、＿＿＿＿、＿＿＿＿、＿＿＿＿。

6．在 Windows 10 系统中，查看共享文件时，右键单击＿＿＿＿，在弹出的快捷菜单中选择"＿＿＿＿"命令。依次单击"本地用户和组→用户"选项，右键单击各用户，在弹出的对话框中取消"＿＿＿＿"复选框。

7．想要查看共享文件时，需要双击桌面上的"网络"图标，在地址栏里填写刚才设置共享文件的计算机的＿＿＿＿，即可查看共享文件。

8．设置文件共享时，右键单击需要共享的文件，在弹出的快捷菜单中选择＿＿＿＿选项。在"属性"对话框中，切换至"共享"选项卡，单击＿＿＿＿按钮。勾选＿＿＿＿前的复选框，确定后即完成共享文件的设置。

9．远程网又被称为＿＿＿＿。

10．按网络使用的传输介质分类，局域网可分为＿＿＿＿和＿＿＿＿。

二、选择题

1．传输距离最远的网络类型是（　　）。
　　A．局域网　　　　　B．城域网　　　　　C．广域网　　　　　D．三者相同

2．OSI 参考模型将网络分为（　　）个层级。
　　A．7　　　　　　　B．6　　　　　　　C．8　　　　　　　D．5

3．目前最为常用的网络协议是（　　）。

    A．TCP/IP   B．OSI   C．NetBEU   D．IPX/SPX

4．以下各 IP 地址有效的是（　　　）。

    A．255.255.255.0.0   B．219.244.1.121

    C．172.1.1   D．192.168.1.256

5．以下各拓扑结构中可靠性最高的是（　　　）。

    A．环形型结构   B．星型结构   C．网状结构   D．树形型结构

6．以下各拓扑结构中通过一条首尾相连的通信链路连接起来的是（　　　）。

    A．树形结构   B．星型结构   C．网状结构   D．环形结构

7．广域网的英文缩写是（　　　）。

    A．DAN   B．LAN   C．WAN   D．MAN

8．城域网的连接距离通常为（　　　）千米。

    A．0.1～10   B．10～100   C．100～500   D．500～1000

9．因传输距离较远，信号衰减严重，一般要租用专线的网络分类是（　　　）。

    A．DAN   B．LAN   C．WAN   D．MAN

10．IPv4 地址是一个（　　　）位的二进制数。

    A．4   B．8   C．16   D．32

三、简答题

1．局域网的特点有哪些？

2．绘制出总线型网络拓扑结构简图。

第11章

Internet 网上冲浪

模块 1　Internet 基础知识

Internet 又称因特网，是国际计算机互联网的英文简称，也是世界上规模最大的计算机网络，可以说它是网络中的网络。Internet 是由各种网络组成的全球信息网，最初创建的目的是用于军事，可以说是由成千上万个具有特殊功能的专用计算机通过各种通信线路，把地理位置不同的网络在物理上连接起来的网络。在 Internet 上可以获取各种信息，还可以进行工作、娱乐等，这就是人们所说的上网，上网的英文为"Surfing The Internet"，因"Surfing"的意思是冲浪，所以上网也称为"网上冲浪"。

技能点 01　选择上网方式

【认知目标】

了解几种常见的上网方式，拨号上网、ADSL 拨号上网、无线上网、小区宽带/局域网上网、有线电视上网。

【认知内容】

POINT 01：

拨号上网。电话拨号上网是 21 世纪初我国最普及的家庭网络接入方式。只要用户拥有一台个人计算机，一个外置或内置的调制解调器（Modem）和一根电话线，就可以通过 ISP 的接入号连接到 Internet 上。随着技术的更新，目前网络运营商已经逐步停止了电话拨号上网业务。

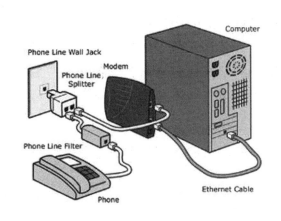

POINT 02:

ADSL 拨号上网。ADSL 拨号上网，又叫作 PPPoE 拨号上网、宽带拨号上网。ADSL 技术是一种通过现有的普遍电话线为家庭、办公室提供高速数据传输服务的技术，利用现有的电话线网络，在线路两端加装 ADSL 设备，即可为用户提供高宽带服务。这种上网方式，宽带运营商会分配一个宽带账号和密码给用户。在未使用路由器的情况下，计算机上需要使用"宽带连接"进行拨号才能实现上网。

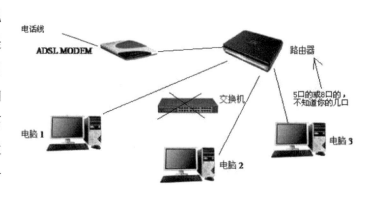

POINT 03:

无线上网。无线上网是指使用无线连接的方式登录互联网，不是通过电话线或网络线，而是通过通信信号来连接到互联网。使用无线电波作为数据传输的媒介，速度和传送距离虽然逊于有线上网，但是它移动便捷，只要用户所处的地点在无线信号的覆盖范围内，再配上一张兼容的无线网卡就可以轻松上网。

POINT 04:

小区宽带/局域网上网。小区宽带其实就是在一个小区内架起的局域网，这个局域网是由本地小区的一些计算机构成的网络。一般小区宽带采用的方式先是由光纤连接到主干楼机房，再通过网络、交换机等设备连接到住户端，因此每个住户都拥有交换机的共享宽带，由于交换机和路由器的总出口要分享给很多客户，所以同一时段上网的人多时，网速就相对较慢，同一时段上网的人少时，网络状况就非常好。

智能小区宽带接入方案拓扑图

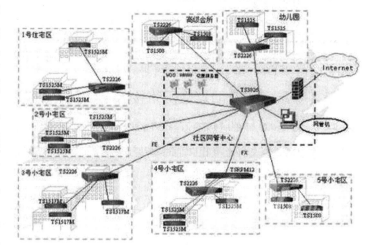

POINT 05：

有线电视上网。通过有线电视线路上网也是近几年出现的一种上网方式，优点是接入布线非常方便，原来装有有线电视的用户开通该服务后，只要加装一个电缆调制解调器即可上网。有线电视线路通常由光纤干线、同轴电缆支线和用户配线网络三部分组成，从有线电视台出来的节目信号先变成光信号在干线上传输，到用户区域后，把光信号转换成电信号，经分配器分配后，通过同轴电缆传送给用户。

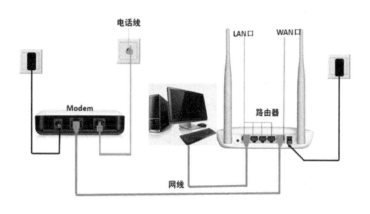

路由器连接示意图

技能点 02　通过 ADSL 方式连接上网

【操作目标】

用 ADSL 方式连接上网。

【操作步骤】

STEP 01：

单击"开始"菜单中的"设置"按钮。

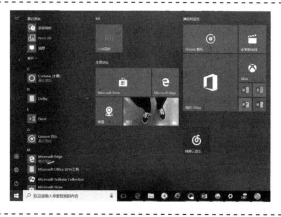

STEP 02：

在弹出的"Windows 设置"对话框中，单击"网络和 Internet"选项。

STEP 03：

打开网络和 Internet "设置" 窗口，在窗口左侧单击 "拨号" 选项卡，在窗口右侧单击 "设置新连接" 选项。

STEP 04：

在 "设置连接或网络" 向导窗口中，选中 "连接到 Internet" 选项，然后单击 "下一步" 按钮。如果已经用 WLAN 连接到无线网络，则需要先断开连接，否则要创建新连接。

STEP 05：

在 "连接到 Internet" 向导窗口中，如果是宽带上网，则单击 "宽带（PPPoE）" 选项。

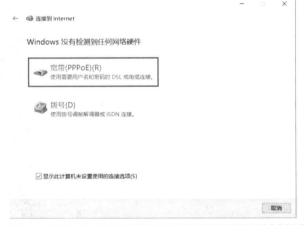

STEP 06：

单击 "宽带（PPPoE）" 选项后，输入服务商提供的 "用户名" 和 "密码"，勾选 "显示字符" 和 "记住此密码" 复选框，"连接名称" 文本框处输入 "宽带连接" 或自己喜欢的其他名称，然后单击 "连接" 按钮即可。

STEP 07：

这一步"正在连接到宽带连接"的提示，如果出现用户名、密码错误，以及其他问题，将显示错误提示；如果连接正常，则显示"你已经连接到 Internet"，单击"立即浏览 Internet"将打开浏览器，或者单击"关闭"按钮完成设置。

模块 2　全新的 Edge 浏览器

计算机接入 Internet 后，还需要浏览器才能浏览网上信息，进行日常的上网活动，Internet Explorer 浏览器（简称 IE 浏览器）是微软公司开发的一款功能强大、深受欢迎的网页浏览器。

Edge 浏览器是微软公司开发的网页浏览器，也是 Windows 10 操作系统的默认浏览器。

技能点 03　打开 Edge 浏览器

【操作目标】

打开 Edge 浏览器。

【操作步骤】

STEP 01：

在桌面左下角找到 Edge 浏览器的图标，单击图标进入。

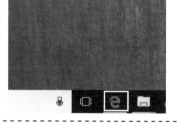

STEP 02：

Edge 浏览器窗口界面。

技能点 04   Edge 浏览器主界面

【认知目标】

认识 Edge 浏览器界面的基本组成部分。

【认知内容】

POINT 01:

"前进/后退"按钮。单击这两个按钮分别可以返回上一个或切换下一个界面。

POINT 02:

"刷新"按钮。打开网页之后，单击 Edge 浏览器左上角的"刷新"按钮，就可以刷新网页。

POINT 03:

"主页"按钮。单击 Edge 浏览器左上角的"主页"按钮，就会打开已设置的主页页面。

POINT 04:

标题栏。显示浏览器当前正在访问的网页标题。

POINT 05:

地址栏。显示浏览器当前正在访问的网页地址。

POINT 06：

　　"新选项卡"按钮。单击这个按钮，可新建一个网页。

POINT 07：

　　控制按钮。单击这三个按钮，可分别控制当前网页的"最小化""最大化/还原"和"关闭"。

POINT 08：

　　单击"添加到收藏夹或阅读列表"按钮，可将当前网页添加到收藏夹或阅读列表。

POINT 09：

　　单击"中心"按钮，可查看收藏夹、阅读列表、历史记录及下载内容。

POINT 10：

　　单击"做 Web 笔记"按钮，可使用荧光笔、橡皮擦等为当前网页做笔记。

POINT 11：

　　单击"共享"按钮，可将该网页共享给好友。

POINT 12：

预览区。显示当前正在访问网页的内容。

技能点 05   打开并浏览网页

【操作目标】

打开腾讯网，并浏览网页具体内容。

【操作步骤】

STEP 01：

单击桌面快速启动栏中的 Edge 浏览器图标按钮。

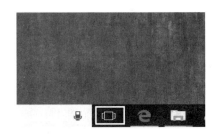

STEP 02：

打开浏览器的主页，在地址栏中输入腾讯网的网址，按【Enter】键确认。

STEP 03：

打开腾讯网，用户可以在其中浏览网页信息，看到感兴趣的内容时，可以单击相应的链接。

STEP 04：

切换到新的页面进行浏览。

技能点 06　收藏网页

【操作目标】

保存有价值的网站网址作为标签。

【操作步骤】

STEP 01：

打开要收藏的网页，单击工具栏中的"添加到收藏夹或阅读列表"按钮。

STEP 02：

弹出新的窗口，切换至"收藏夹"选项卡，单击"添加"按钮。

STEP 03：

单击"收藏"按钮☆即可在"收藏夹"选项中看到已收藏的网页。

技能点 07 删除收藏夹中的网页

【操作目标】

删除收藏夹中不再需要的网页。

【操作步骤】

STEP 01：

单击"中心"按钮切换至"收藏夹"选项卡。

STEP 02：

右击要删除的网页，在弹出的快捷菜单中选择"删除"选项。

STEP 03：

不再需要的网页被删除。

模块 3 设置 Internet 选项

用户在上网过程中通常使用浏览器的默认属性，如果对浏览器的默认属性不满意，还可以根据自己的需要设置浏览器的主页、安全级别，清除上网的历史记录等，使浏览器更符合自己的操作习惯，也可提高浏览器的安全性。

技能点 08　设置浏览器的主页

【操作目标】

把百度网站设置为 Edge 浏览器默认主页。

【操作步骤】

STEP 01：

进入 Edge 浏览器主页，单击浏览器右上角的"设置及更多"按钮，在下拉选项中选择"使用 Internet Explorer 打开"选项。

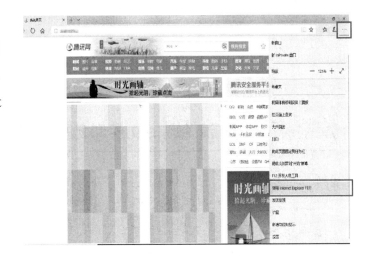

STEP 02：

打开"Internet 选项"对话框，在主页地址栏输入百度的网站地址，然后单击"确定"按钮。

STEP 03：

单击窗口的主页图标。

STEP 04：

主页设置完成。

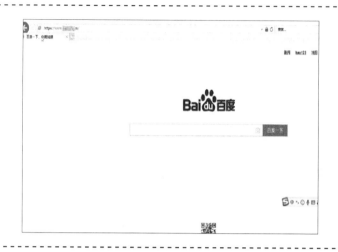

技能点 09　清除临时文件和历史记录

【操作目标】

清除浏览器中的临时文件和历史记录。

【操作步骤】

STEP 01：

打开"Internet 选项"对话框，切换到"常规"选项卡，在"浏览历史记录"选区中单击"删除"按钮。

STEP 02：

在弹出的"删除浏览历史记录"对话框中，勾选要删除的内容，然后单击"删除"按钮。

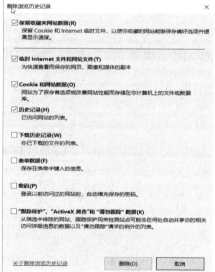

技能点 10　设置浏览器的安全级别

【操作目标】

设置浏览器的安全级别，提高浏览器的安全性。

【操作步骤】

STEP 01：

打开"Internet 选项"对话框，切换到"安全"选项卡，在"选择一个区域以查看或更改安全设置"选区中选择"Internet"选项。

STEP 02：

在"该区域的安全级别"选区中拖动滑块设置 Internet 的允许级别，然后单击"自定义级别"按钮。

STEP 03：

打开"安全设置-Internet 区域"对话框，在"设置"列表中根据需要进行设置，设置完成后单击"确定"按钮即可。

STEP 04:

返回"Internet 选项"对
话框,单击"确定"按钮,即
完成浏览器的安全级别设置。

技能点 11　阻止自动弹出窗口

【操作目标】

通过对浏览器的设置,阻止浏览网页时弹出的小窗口。

【操作步骤】

STEP 01:

打开"Internet 选项"对话框,
切换到"隐私"选项卡。

STEP 02:

在"弹出窗口阻止程序"选区中
勾选"启用弹出窗口阻止程序"复选
框,然后单击"设置"按钮。

STEP 03：

　　在"弹出窗口阻止程序设置"对话框中，根据需要将允许弹出窗口的网址添加到列表框中，在"要允许的网站地址"文本框中输入相应网址，然后单击"添加"按钮。

STEP 04：

　　可以看到在"允许的站点"列表框中新增了刚添加的网站。按照同样的方法添加其他允许弹出窗口的网站，然后单击"关闭"按钮。

技能点 12　恢复浏览器的默认设置

【操作目标】

　　通过对浏览器的设置，恢复浏览器的默认设置，使其恢复到初始状态。

【操作步骤】

STEP 01：

　　打开"Internet 选项"对话框，切换到"高级"选项卡，单击"重置 Internet Explorer 设置"选区中的"重置"按钮。

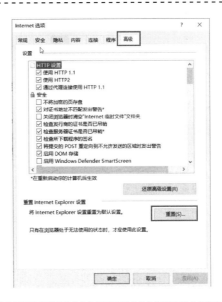

STEP 02：

在弹出"重置 Internet Explorer 设置"对话框中，勾选"删除个人设置"复选框，然后单击"重置"按钮，计算机重启后即可恢复浏览器的默认设置。

模块 4　网络资源的搜索与下载

用户在互联网上浏览时，经常要搜索一些网页和新闻等资料，有时还需要下载一些资源，比如图片、电影、音乐、文本等资源，接下来我们将简单介绍利用搜索引擎搜索各种资源的方法。

技能点 13　认识搜索引擎

【操作目标】

使用搜索引擎检索与"智能手机"关键字有关的信息。

【操作步骤】

STEP 01：

双击桌面上的 Edge 浏览器图标进入浏览器主页，在网址输入栏键入百度网址，然后按【Enter】键确认或在主页显示的"热门站点"内直接选择"百度搜索"选项。

STEP 02：

进入百度网的主页，在搜索栏内输入"智能手机"后，单击"百度一下"按钮。

STEP 03：

　　搜索引擎将所有与"智能手机"
有关的内容以列表形式显示在网页
中，用户可以根据自己的需要进行
查看。

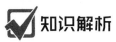知识解析

搜索引擎

　　搜索引擎是指根据一定的策略，运用特定的计算机程序从互联网上搜索信息，为
用户提供检索服务，在对信息进行组织和处理后，将用户检索的相关信息展示给用户。
国内常用的搜索引擎有百度、360 等。

技能点 14　搜索新闻

【操作目标】

使用搜索引擎检索新闻。

【操作步骤】

STEP 01：

　　进入百度网的主页，单击页面
上部的"新闻"链接，切换到百度
新闻界面。用户也可以在百度网主
页输入新闻的关键词进行搜索。

STEP 02：

　　进入百度新闻界面，用户可以
查找并选择自己感兴趣的新闻进行
阅读。

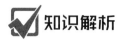知识解析

搜索引擎的分类

不同搜索引擎的主界面大同小异，除了输入关键字进行模糊搜索之外，还会有许多不同分类的选项卡供用户进行选择，比如新闻、经济、军事、体育和娱乐等，这些分类为用户的浏览提供了便利，用户可以轻松浏览、查找自己需要的信息。

技能点 15　搜索网页

【操作目标】

使用搜索引擎检索网页。

【操作步骤】

STEP 01：

进入百度网的主页，在百度主页搜索框内输入要搜索的内容，然后单击"百度一下"。

STEP 02：

例如，在搜索框内输入"2022年北京冬奥会"，然后单击"百度一下"按钮。用户可以根据返回的消息列表，选择自己感兴趣的信息进行查看。

STEP 03:

进入新的网页，查看网页中的内容。

技能点 16 下载文件

【操作目标】

使用浏览器检索并下载音乐文件。

【操作步骤】

STEP 01:

用户通过百度网站，进入百度音乐主界面。单击右上角的"登录"按钮，登录自己的百度账号，然后在搜索框内输入要查找的歌曲名称。

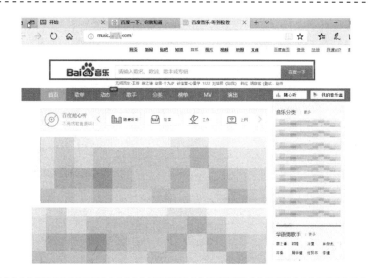

STEP 02:

输入"朋友"，然后单击"百度一下"按钮。

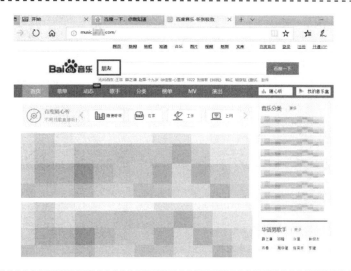

STEP 03：

　　进入歌曲搜索结果页面，找到
要下载的歌曲，单击"下载"按钮。

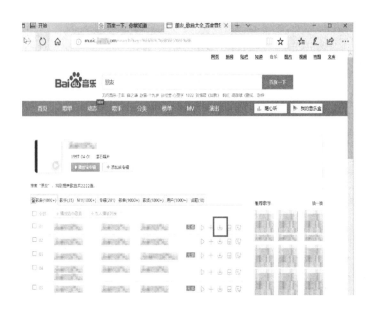

STEP 04：

　　页面弹出提示信息，如果用户
在本机没有安装百度音乐软件，则
下载百度音乐的安装程序。

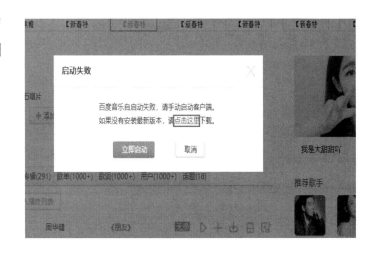

STEP 05：

　　单击下方提示框中的"保存"
按钮。

STEP 06：

下载完成后，单击下方提示框中的"运行"按钮。

STEP 07：

在弹出的安装界面中，单击"快速安装"按钮。

STEP08：

在百度音乐界面搜索歌曲，然后单击歌曲右侧的"下载"按钮。在弹出的界面中选择歌曲的品质信息，然后单击"立即下载"按钮。

STEP 09：

下载完成后，单击左侧"歌曲下载"选项，找到下载的歌曲。然后右键单击歌曲名字，在出现的下拉选项中，选择"歌曲文件所在目录"选项。

STEP 10：

进入歌曲文件所在的文件夹，找到所下载歌曲，即完成了歌曲的全部下载。

☑ 知识解析

关于音乐文件的下载

利用搜索引擎搜索下载音乐文件与搜索下载其他文件资料差别不大，用户可以举一反三尝试下载其他文件。出于对知识产权的尊重，目前越来越多的网站对文件的下载都提出了要求，都需要注册资源网站的账号，下载专用播放器或下载软件，甚至需要开通网站会员充值缴费，用户在下载上述文件时需特别注意。

模块 5　保存网页上的内容

用户在浏览网页信息时，如果看到自己比较感兴趣或者认为值得留存的信息，如文字、图片等，可通过操作将其保留在自己的计算机中，以备日后随时查看使用。

技能点 17　保存网页中的文字

【操作目标】

保存整个网页或者部分网页的信息。

【操作步骤】

STEP 01：

用户在浏览器中随意打开一个网页，假设整个网页的内容都是用户需要保存的，这时用户可以右击网页左右两侧的空白区域，在弹出的菜单中选择"全选"选项，然后按【Ctrl+C】组合键，即可复制网页的全部内容。

STEP 02：

如果网页中只有中间部分的内容是用户需要保存的，则用户可以直接用鼠标选中需要部分，然后右击选择的部分，在弹出的菜单中选中"复制"选项，即可复制网页的部分内容。

STEP 03：

之后用户可右击桌面空白处，在弹出的快捷菜单中选择"新建"选项，创建一个新的文本文档。

STEP 04：

双击"新建文本文档"文件，进入该文档界面。

STEP 05：

右击文档的空白处，在弹出的菜单中选择"粘贴"选项，即可将所选的文本复制到文档中，然后单击"文件"选项，选择"保存"选项，将载有信息的文档保存到计算机之中。

技能点 18　保存网页中的图片

【操作目标】

保存网页中的图片。

【操作步骤】

STEP 01：

用户在网页中见到想要保存的图片，可以右击图片，在弹出的菜单中选择"将图片另存为"选项。

STEP 02：

在弹出的对话框中，为图片选择存放的位置，输入文件的名称（可以使用默认名称），然后单击"保存"按钮即完成图片的保存。

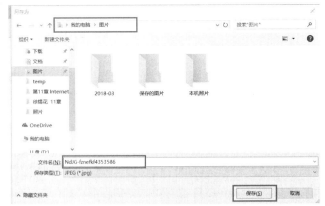

模块 6　生活需求查询

在网络时代，用户可以在互联网上进行一系列的查询，比如和我们的生活息息相关的新闻浏览、购物、求职、查询天气、购买火车票和查询出门线路等，人们的生活越来越离不开网络，互联网就像水和粮食一样，成为现代人生活不可或缺的重要组成部分。

技能点 19　天气查询

【操作目标】

查询天气情况。

【操作步骤】

STEP 01：

双击桌面上的 IE 图标进入浏览器主页，在网址输入栏键入百度网的网址，然后单击【Enter】键进入。

STEP 02：

进入百度主页，在搜索位置输入需要查询的天气信息，如"今日天气"，并单击"百度一下"按钮，在信息浏览页选择第一条信息"北京天气预报"链接进入中国天气网。

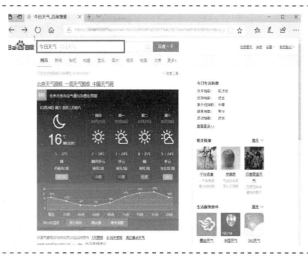

STEP 03：

在中国天气网的页面，用户可以查询到北京今天的天气情况和今后一段时间内的天气情况。

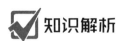
☑ 知识解析

关于天气查询

在互联用户查询天气情况，可直接在搜索引擎内输入和天气有关的关键字，如果已知某些天气预报网站的网址，也可以在浏览器主页内直接键入网址进行查询。通常情况下，在搜索引擎内搜索关键字查询速度较快，显示的搜索结果最多，用户的选择也最多。

技能点 20　火车票查询

【操作目标】
查询火车票情况。

【操作步骤】

STEP 01：
进入浏览器主页，在网址输入栏键入火车票订购网站的网址，然后按【Enter】键进入。

STEP 02：
进入火车票订购网站的主页，单击左下方"余票查询"按钮。

STEP 03：
进入火车票"余票查询"网页，用户可根据自身需求，查询车次情况和车票价格，如需要购票，还需要注册个人订票账号、填写个人信息和支付信息等。

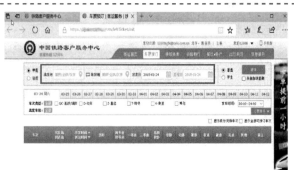

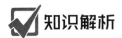

知识解析

关于网上购票

在互联网上查询、选购火车票，对经常乘坐火车的人来说免除了去车站、网点排队购票的辛苦奔波，给人们提供了极大的便利。但是，由于网上购票需要用户的支付信息等个人隐私信息，建议用户选用 12306 官网或者国内其他知名的、较大的票务网站进行购票，减少因个人信息泄露带来的风险和损失。

技能点 21　网上购物

【操作目标】

在天猫商城注册个人账号、设置收货信息和支付信息，完成网上购物。

【操作步骤】

STEP 01:

进入浏览器主页，在网址输入栏键入天猫商城的网址，然后按【Enter】键进入。或在主页显示的"热门站点"内直接单击"天猫商城"。

STEP 02:

进入网上商城首页后，在页面左上部找到"免费注册"按钮，单击进入。

STEP 03:

进入账号注册界面后，需阅读注册协议，然后单击"同意协议"按钮。

STEP 04：

依次完成"设置用户名""填写账号信息""设置支付方式"等操作，直至注册成功。

STEP 05：

注册账号成功后，进入天猫商城首页，在商品搜索框内键入需要购买的商品名称，如"铅笔"，然后单击右侧"搜索"按钮。

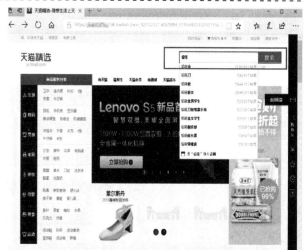

STEP 06：

进入商品浏览搜索结果界面，选择自己感兴趣的商品图片，单击进入。

STEP 07：

在商品具体信息页面，可根据需要选择商品具体的颜色、规格和型号，然后单击"立即购买"或"加入购物车"按钮。

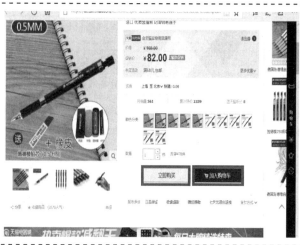

STEP 08:

在商品订单页面首先选择收货人信息和收货地址。

STEP 09:

认真核对商品信息和收货人信息后，单击"提交订单"按钮。

STEP 10:

在弹出的付款界面选择付款方式，然后输入支付宝密码，单击"确认付款"，等待物流送货完成，即完成一次网上购物之旅。

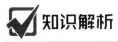 知识解析

网上购物

网上购物已经成为现代网络生活中的重要部分，用户在网上购物前都必须在网上商城注册属于自己的账号，填写自己真实的个人信息和金融支付信息，用户在注册时要注意保护自己的个人信息和支付密码，尽量避免因不安全的支付给自己带来金钱上的损失。

技能点 22　网上求职

【操作目标】

在智联招聘网站注册个人账号、填写个人求职简历，并发送个人简历至求职企业。

【操作步骤】

STEP 01：

进入浏览器主页，在网址输入栏键入智联招聘网的网址，然后按【Enter】键进入，或在主页显示的热门站点内直接单击进入。

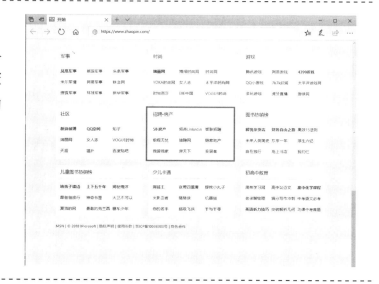

STEP 02：

进入智联招聘网站首页后，选择城市频道，进入自己所在的城市。

STEP 03：

进入自己所在的城市频道后，单击"注册找工作"按钮。

STEP 04:

进入注册页面后，选择适合自己的注册方式，如手机号或邮箱号注册。如果是学生，还可以选择学生注册入口。

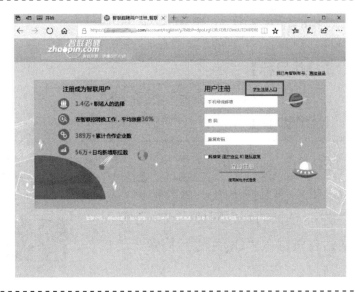

STEP 05:

用户注册成功后，根据实际情况填写个人简历，找到符合自己条件的岗位时，可直接单击"申请职位"按钮进行申请，发送自己的简历至招聘单位，然后随时关注网站上的回复信息即可。

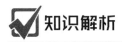 知识解析

网上求职

信息时代，用户在互联网上的多数操作都需要创建个人账号，网上求职也不例外。网上求职的关键在于用户需要在网上创建的个人简历，个人简历必须以用户的真实情况为依据，结合自身实际情况选择岗位，提高求职成功率。

模块 7　使用 QQ 在互联网上聊天

网络时代的来临，给我们的通信和交流带来了质的飞跃，QQ、微信等当下流行的聊天工具，在我们生活和工作沟通中起到了至关重要的桥梁作用，它们的应用，不仅拉近了人与人之间的距离，也为我们的工作交流提供了技术支持，今天我们就以 QQ 聊天为例，全面了解一下网络时代给我们带来的便利沟通。

技能点 23　申请 QQ 号码

【操作目标】

下载安装 QQ 聊天工具，申请 QQ 账号。

【操作步骤】

STEP 01:

进入浏览器主页，在网址输入栏键入 QQ 的官方网址，或在百度网站首页键入"QQ"进行搜索。

STEP 02:

进入搜索信息界面，在显示的信息中，选择腾讯 QQ 官网，单击进入。

STEP 03:

进入腾讯 QQ 官网首页，选择"QQ"链接，单击进入。

STEP 04：

　　进入 QQ 软件下载界面，单击"立即下载"按钮，下载 QQ 软件安装包。

STEP 05：

　　继续单击"立即下载"按钮，直至下载完成。

STEP 06：

　　下载完成后，找到 QQ 软件安装包所在的文件夹位置。

STEP 07：

　　选中并双击 QQ 软件安装包进入安装程序，单击"立即安装"按钮。

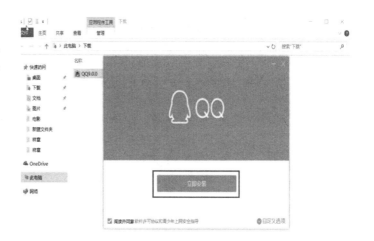

STEP 08:

　　QQ 软件安装完成后，桌面会出现"腾讯 QQ"图标，证明已安装完成。然后双击"腾讯 QQ"图标进入登录界面。

STEP 09:

　　单击左下角"注册账号"按钮，注册个人账号。

STEP 10:

　　进入注册个人账号界面，用户可自行设置"昵称"和"登录密码"，同时预留手机号，用于找回登录密码。然后单击"立即注册"按钮，直至注册完成。

☑ 知识解析

关于 QQ 的密码

　　用户要注册 QQ 账号，需成功下载并安装 QQ 软件。注册 QQ 账号时，须认真填写注册信息，阅读注册协议等内容。为了方便使用 QQ，防止因忘记密码带来的不便，需设立一个密码找回问题。同时为了自身账号和个人信息安全，QQ 密码应有一些难度，不要设置过于简单的密码。

技能点 24　登录 QQ

【操作目标】

　　登录 QQ 账号。

【操作步骤】

STEP 01：

在桌面找到"腾讯QQ"图标，双击进入。

STEP 02：

进入登录界面，输入用户个人QQ账号和登录密码，然后单击"登录"按钮。

STEP 03：

进入用户主界面，用户可以设置自己的头像、个性签名等基本资料。

技能点 25　查找和添加好友

【操作目标】

查找并添加好友。

【操作步骤】

STEP 01：

登录 QQ 主界面，单击左下角的"加好友"按钮，进入添加好友界面。

STEP 02：

在查找好友界面，用户可以输入好友 QQ 号码、昵称和关键字等，然后单击"查找"按钮。

STEP 03：

在查找到的好友界面，单击图像右下方的"+好友"按钮。

STEP 04：

在弹出的验证信息界面，可输入验证信息，然后单击"下一步"按钮。

STEP 05：

继续单击"下一步"按钮。

STEP 06：

单击"完成"按钮，完成好友添加，等待对方确认同意后，双方成为好友。

知识解析

关于添加好友

添加 QQ 好友，一般的方法是直接输入好友的 QQ 账号，直接添加某位相识的好友。如果是随机添加陌生人为好友，用户可以输入查找条件，在搜索后显示的条件信息中，按照同样的方法添加陌生人为好友。为了方便查找好友，一般会将好友进行分组，用户可根据好友类型自行分组。

技能点 26 收发消息

【操作目标】

与好友之间收发消息。

【操作步骤】

STEP 01：

登录 QQ 后，单击"联系人"选项卡，找到要发送信息的好友位置。

STEP 02：

　　双击好友头像图标，进入个人聊天界面，在聊天界面输入文字和表情符，单击"发送"按钮，即将消息发送给好友。

STEP 03：

　　等待好友回复 QQ 消息，即完成与 QQ 好友的网上聊天。

✅ **知识解析**

发送其他信息

　　用户在 QQ 上与好友聊天，不仅可以发送文字，还可发送表情、图片、语音和视频等内容，为我们与好友沟通交流提供了丰富多样的方式。

技能点 27　传输文件

【操作目标】

好友之间传输文件。

【操作步骤】

STEP 01：

　　进入个人聊天界面。单击图中所示"文件夹"图标，在打开的菜单中选择"发送文件/文件夹"选项。

STEP 02：

在弹出的界面中，找到并选择要传输的文件，如图中"我的成绩""我的作业"两份文件，然后单击"发送"按钮。

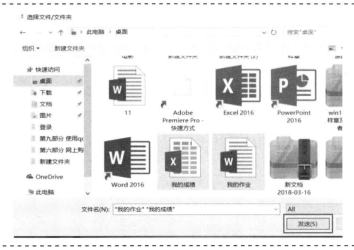

STEP 03：

回到聊天主界面，直到聊天栏显示"对方已成功接收了您发送的离线文件"，则文件传输完毕。

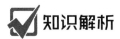

拖动发送文件与离线发送

用户在 QQ 上与好友传输文件，可以用上述方法发送文件，也可以选择将电脑上的文件直接拖动到 QQ 聊天界面之中，直接发送过去。例如，对方给用户发送文件，用户在线的话可以直接单击接收，如不在线可以离线接收，然后找到接收的文件夹，查看具体文件。

模块 8　电子邮箱的使用

在现代办公中，电子邮箱是我们使用较多的网上交流工具，它不仅可以发送文本、图片等电子邮件，还可以传递视频、音频等语音文件。今天我们就以 QQ 邮箱为例，全面了解一下电子邮箱的使用。

技能点 28　注册并登录电子邮箱

【操作目标】

在网上注册并登录 QQ 邮箱。

【操作步骤】

STEP 01：

　　用户可在搜索页面直接输入"QQ 邮箱"，然后按【Enter】键进入。选择 QQ 邮箱登录链接。

STEP 02：

　　进入 QQ 邮箱登录界面，在下方找到"注册新账号"选项单击进入。

STEP 03：

　　进入 QQ 邮箱注册界面，与前面章节讲述的注册 QQ 账号操作一致，设置昵称、密码后，直接单击"立即注册"，直至注册完成新的 QQ 账号。

STEP 04：

　　登录 QQ 主界面后，在顶端中间部分找到邮箱图标，如图所示，单击进入。

STEP 05：

　　进入 QQ 邮箱个人主页，即完成登录。

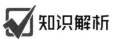 知识解析

关于 QQ 邮箱

　　用户在注册成功个人 QQ 账号时，就自动获得了一个以 QQ 账号为登录账号的 QQ 邮箱，用户可登录 QQ 主界面，单击"邮箱"图标直接进入。

技能点 29　发送电子邮件

【操作目标】

　　用户登录 QQ 邮箱，并成功发送电子邮件。

【操作步骤】

STEP 01：

　　进入 QQ 邮箱个人主页，即完成登录。单击"写信"按钮。

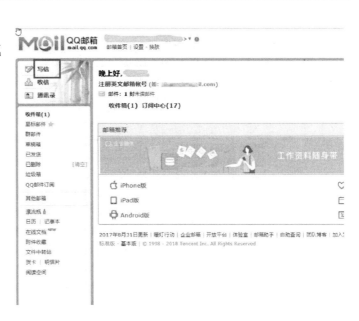

STEP 02:

进入 QQ 邮箱写信界面，在"收件人"位置填写收件人邮箱、编辑"主题"，在"正文"位置编辑要发送的文字内容，如需要传递文件，则单击正文上的"添加附件"按钮。

STEP 03:

在弹出的添加附件对话框中，选择自己要发送的文件，然后单击"打开"按钮。

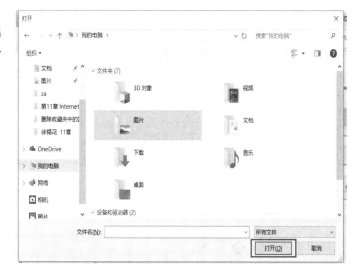

STEP04:

文件添加成功后，单击"发送"按钮，邮件即发送给收件人。

STEP05：

发送成功。

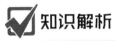 **知识解析**

关于发送邮件

　　用户在编辑邮件收件人时，可以直接输入收件人邮箱地址，也可以在邮箱联系人中直接选择，收件人可以是一个或多个。正文部分根据需要可自行填写。添加的附件可以是一个文件，也可以是多个文件，如果文件较大可以选择"超大文件"，待上传成功后，即可发送。

技能点 30　接收电子邮件

【操作目标】

登录 QQ 邮箱，接收好友发来的电子邮件。

【操作步骤】

STEP 01：

进入 QQ 邮箱个人主页，完成登录，左侧收件箱位置会显示未读邮件的数量，单击左上部"收件箱"按钮进入。

STEP 02：

进入收件箱，选择未读邮件的名称，单击进入。

STEP 03：

看到邮件内容后，单击附件下方的"下载"按钮，进行文件下载。

STEP 04：

选择文件保存的位置，然后单击"保存"按钮，即完成电子邮件附件的保存。

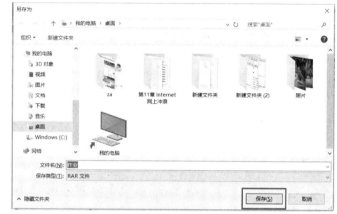

技能点 31　添加与管理联系人

【操作目标】

在 QQ 邮箱中，对好友进行添加、删除和分组操作。

【操作步骤】

STEP 01：

登录邮箱首页，单击"通讯录"按钮进入。

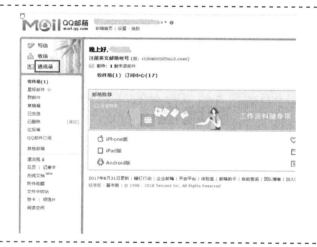

STEP 02：

进入邮箱通讯录，可以看到所有的联系人。单击左侧"添加"按钮，可以添加联系人。

STEP 03：

进入联系人添加页面，可以编辑联系人的信息，然后单击左上角"保存"按钮，就成功保存了一条联系人信息。

STEP 04：

在通讯录页面选中联系人左侧的方框，顶端即显示出"写信""删除""添加到组"等按钮。

STEP 05：

单击"写信"按钮，弹出"发邮件"对话框，编写"主题""正文"最后单击"发送"按钮，完成操作。

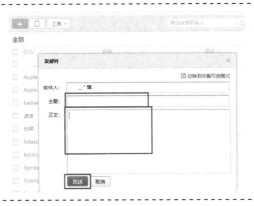

STEP 06：

在通讯录页面选中联系人左侧的方框，单击"删除"按钮，再单击"确定"按钮，可以将该联系人删除。

STEP 07：

用户还可以在通讯录页面的最右侧选择"新建组"按钮，然后在弹出的界面中新建群组。

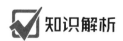
☑️ 知识解析

关于 QQ 邮箱通讯录

用户的 QQ 好友已经存在于 QQ 邮箱的通讯录中，并根据 QQ 好友分组进行默认分组，用户可以在通讯录内直接添加好友并键入好友的邮箱、电话、地址等信息。用户可以选中通讯录好友对其进行"写信""删除""添加到组"等操作，同时可以直接创建新群组，对通讯录好友进行管理。

模块 9　使用新浪微博分享身边的趣事

目前，微信朋友圈、QQ 空间和微博已成为人们在网络上分享身边趣事、记录生活片段的主要方式，也是人们相互了解和沟通的新渠道，今天我们就以新浪微博为例，与大家一起了解如何使用微博分享身边的趣事。

技能点 32　微博账户设置

【操作目标】

下载新浪微博客户端，注册微博账户，对账户进行设置。

【操作步骤】

STEP 01：

在百度网搜索界面的搜索框中输入"新浪微博"，然后单击"百度一下"按钮。

STEP 02：

在搜索到的信息条中选择"新浪微博官网"链接。

STEP 03：

在显示出的登录界面中选择"立即注册"按钮。

STEP 04：

在微博注册界面，输入手机号、密码和激活码后，单击"立即注册"按钮。

STEP 05：

在微博个人登录界面，单击个人账号图像进入个人主页。

STEP 06：

在微博个人主页，可以对账号进行基本设置，如添加个人头像、编辑个人资料、上传个人相册等操作。

技能点 33　关注指定好友

【操作目标】

登录新浪微博客户端，搜索并关注指定好友。

【操作步骤】

STEP 01：

　　用户成功登录自己的微博账号后，在微博搜索框中输入要搜索的好友名称，如"张小娴"。在显示信息中单击"张小娴"选项进入其个人主页。

STEP 02：

　　在"张小娴"的个人主页，单击头像下方的"关注"按钮，即完成对好友的关注。

技能点 34　浏览他人分享的微博

【操作目标】

登录新浪微博客户端，浏览他人分享的微博。

【操作步骤】

在用户登录界面,滑动右侧滚动条即可浏览他人分享的微博内容,或单击左侧人员分类,浏览不同人分享的微博。

技能点 35 自己发表微博信息

【操作目标】

使用新浪微博客户端,发表自己的微博。

【操作步骤】

STEP 01:

在用户登录界面的中部空白文本内输入自己想要发表的内容,下方可添加表情、图片、视频和转发文章链接等。

STEP 02:

输入完成后,单击"发布"按钮。

STEP 03:

然后发表的微博内容就会展示在界面的最前端,如图所示。

模块 10 关于 PC 版微信

微信已经成为我们生活中重要的沟通交流工具,其强大的语音视频功能征服了绝大多数的用户,其文件传送功能也为我们的工作带了极大的便利。目前我们用得最多的是手机微信,随时聊天、分享朋友圈与移动支付成为用户使用最多的功能。随着微信客户端的不断升级,目前微信提供了一款可与手机微信同步的 PC 版微信,给电脑辅助、同步信息、文件传送等带来更多的便利。

技能点 36 登录

【操作目标】

用户成功下载并登录微信 PC 客户端。

【操作步骤】

STEP 01:

打开百度网搜索界面,在搜索框中输入"微信 PC 客户端",然后单击"百度一下"按钮。在搜索到的信息栏中选择"微信官网"链接进入。

STEP 02:

在弹出的下载界面中选择"微信 Windows 版"按钮进入。

STEP 03:

在新的页面单击"下载"按钮,并在弹出的界面中选择"保存"按钮。

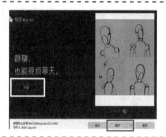

STEP 04：

下载完成后，找到已下载的安装程序，双击进入安装程序。

STEP 05：

继续单击"安装微信"按钮。

STEP 06：

安装完成后，在桌面找到微信快捷方式的图标，双击进入。

STEP 07：

打开手机，使用微信扫一扫功能连接登录。

STEP 08：

扫完上图二维码后会显示出微信头像和昵称，在手机上再次确认即可完成登录。

技能点 37   收发信息

【操作目标】

用户成功登录微信 PC 客户端，并与好友收发信息。

【操作步骤】

STEP 01：

登录微信 PC 客户端后，单击"发起群聊"按钮，如图所示位置。

STEP 02：

勾选自己需要聊天的好友，然后单击"确定"按钮。

STEP 03：

进入与选中好友的聊天窗口，输入聊天内容，然后单击"发送"按钮。

STEP 04：

待好友收到消息回复后，即完成与好友的收发消息。

 **知识解析**

PC 版微信的下载

PC 版微信的下载和登录与 QQ 的下载和登录有很多相似之处，用户通过前文的学习已经有所接触。PC 版微信的聊天功能与接收文件功能与 QQ 也很相似，且界面更简单明了，用户操作起来更加便捷。

习 题 11

一、填空题

1. ＿＿＿＿＿浏览器（简称＿＿＿＿＿）是微软公司开发的一个功能强大、深受欢迎的 Web 浏览器。

2. ＿＿＿＿＿浏览器是微软公司开发的网页浏览器，也是 Windows10 操作系统的默认浏览器。

3. 目前微信提供了一款与手机微信同步的＿＿＿＿＿，给计算机辅助、同步信息、文件传送等带来了更多意想不到的便利。

4. ＿＿＿＿＿又称因特网，是国际计算机互联网的英文简称，也是世界上规模最大的计算机网络，正确地说是网络中的网络。

5. 常见的上网方式有＿＿＿＿、＿＿＿＿、＿＿＿＿、小区宽带/局域网上网、＿＿＿＿。

6. ＿＿＿＿＿是全球最大的中文搜索引擎，也是我国网民使用最多的搜索引擎，以至于网民之中流传着"有事问百度"的说法。

7. 有线电视线路通常由＿＿＿＿干线、＿＿＿＿支线和用户配线网络三部分组成，从有线电视台出来的节目信号先变成光信号在干线上传输。

8. 在 Internet 上可以获取各种信息，还可以进行工作、娱乐等，这就是人们所说的上网，所以上网也称为＿＿＿＿。

9. 设置浏览器的安全级别，提高浏览器的安全性。打开"Internet 选项"对话框，切换到"＿＿"选项卡，在"选择一个区域以查看或更改安全设置"选区中选择"Internet 选项"选项。

10. 用户在 QQ 上与好友聊天，不仅可以发送文字，还可发送＿＿、＿＿、＿＿和＿＿等内容，为我们与好友沟通交流提供了丰富多样的方式和条件。

二、选择题

1. 以下哪一项不是 E-mail 的作用。（　　）
   A. 方便快捷　　　　　　　　　B. 信息传递快
   C. 费用高　　　　　　　　　　D. 取代纸和笔

2. E-mail 声音、图片等不能单独发送，它需要通过（　　）才能发送。
   A. 附件　　　　　　　　　　　B. 地址栏
   C. 发送　　　　　　　　　　　D. 格式转换

3. 目前流行的 E-mail 指的是（　　）。
   A. 电子商务　　　　　　　　　B. 电子邮件
   C. 电子设备　　　　　　　　　D. 电子通信

4. 显示浏览器当前正在访问的网页标题的是（　　）。
   A. 标题栏　　　　　　　　　　B. 地址栏
   C. 控制按钮　　　　　　　　　D. 工具栏

5. Edge 浏览器界面的基本组成部分不包括（　　）。
   A. "前进/后退"按钮　　　　　B. "刷新"按钮
   C. "主页"按钮　　　　　　　　D. "任务"按钮

6. Internet 最初创建的目的是用于（　　）。
   A. 政治　　　　　　　　　　　B. 军事
   C. 教育　　　　　　　　　　　D. 经济

7. 有线电视上网优点就是接入布线非常方便，只要加装一个（　　）就可以上网了。
   A. 电缆调制解调器　　　　　　B. 集线器
   C. 网卡　　　　　　　　　　　D. 中继器

8. 图片中标框的部分是（　　）？

A．"共享"按钮　　　　　　　B．"做 Web 笔记"按钮

C．"主页"按钮　　　　　　　D．"中心"按钮

9．删除收藏夹中不需要的网页，首先要：单击（　　）按钮切换至"收藏夹"选项卡。

A．"共享"　　　　　　　　　B．"做 Web 笔记"

C．"主页"　　　　　　　　　D．"中心"

10．清除浏览器中临时文件和历史记录，打开"Internet 选项"对话框，切换到（　　）选项卡，在"浏览历史记录"选区中单击"删除"按钮。

A．常规　　　　　B．安全　　　　　C．隐私　　　　　D．内容

三、简答题

1．浏览器是上网冲浪必不可少的软件工具。请列出 4 种以上的浏览器软件的名称。

2．如何添加 QQ 好友？

第 12 章

计算机安全防护与优化管理

模块 1　认识病毒

病毒和木马是计算机安全最主要的威胁，做好防范工作刻不容缓。从本质上来说，病毒和木马都是人为编写的恶意程序。病毒和木马是两种不同的概念，简单来说，病毒是以破坏系统为目的，而木马是以窃取用户资料并获利为目的，但两者的界线现在已经越来越不明显。

技能点 01　认识病毒

【认知目标】

认识病毒。

【认知内容】

POINT 01：

计算机病毒，是指编制者在计算机程序中插入的破坏计算机功能或者破坏数据，影响计算机使用并且能够自我复制的一组计算机指令或者程序代码。

POINT 02：

计算机病毒不是天然存在的，是某些人利用计算机软件和硬件所固有的脆弱性编制的一组指令集或程序代码。

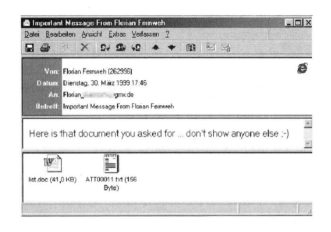

POINT 03：

计算机病毒能通过某种途径潜伏在计算机的存储介质里，当达到某种条件时被激活，通过修改其他程序的方法将恶意代码或程序放入其他程序中，从而感染这些程序。

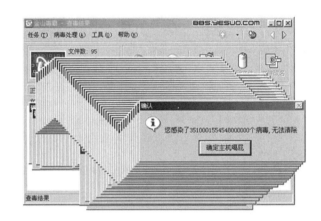

POINT 04：

"熊猫烧香"是一种具有自动传播、自动感染硬盘，拥有强大的破坏力的病毒，它不但能感染系统中 exe、com、pif、src、html、asp 等文件，还能中止大量的反病毒软件进程并且会删除扩展名为 gho 的文件。

POINT 05：

"蠕虫"病毒是一种常见的计算机病毒。它利用网络进行复制和传播，传染途径是网络和电子邮件。"蠕虫"病毒的得名是因为在 DOS 环境下，病毒发作时会在屏幕上出现一条类似虫子的东西，胡乱吞吃屏幕上的字母并将其改形。

POINT 06:

U 盘病毒顾名思义就是通过 U 盘传播的病毒。自从发现 U 盘 autorun.inf 漏洞之后，U 盘病毒的数量与日俱增。U 盘病毒并不是只存在于 U 盘上，中毒的计算机每个分区下面同样有 U 盘病毒，计算机和 U 盘交叉传播。

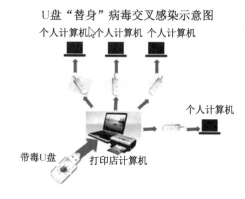

U盘"替身"病毒交叉感染示意图

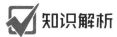

知识解析

计算机病毒一般具有如下几个共同的特点：

（1）程序性（可执行性）

计算机病毒与其他合法程序一样，是可执行程序，但它可以寄生在其他可执行程序上，所以它拥有该程序所能得到的计算机权限。

（2）传染性

传染性是病毒的基本特征，计算机病毒会通过各种渠道从已被感染的计算机扩散到未被感染的计算机。病毒程序代码一旦进入计算机并被执行，就会自动搜寻其他符合传染条件的程序或存储介质，确定目标后再将自身代码插入其中，实现自我传播。

（3）潜伏性

编制精巧的计算机病毒程序，进入系统之后一般不会马上发作，可以在一段很长时间内隐藏在合法文件中，传染其他系统，而不被人发现。

（4）可触发性

可触发性是指计算机病毒因某个事件或数值的出现，诱使病毒实施感染或进行攻击的特性。

（5）破坏性

系统被计算机病毒感染后，病毒一般不会立刻发作，而是潜藏在系统中，等条件成熟后，便会发作，给系统带来严重的破坏。

（6）主动性

计算机病毒对系统的攻击是主动的，计算机系统无论采取多么严密的保护措施，都不可能彻底排除病毒对系统的攻击，而保护措施只是一种预防的手段。

（7）针对性

计算机病毒是针对特定的计算机和特定的操作系统的病毒程序。

模块2 认识木马

随着计算机技术的发展，木马程序技术也在迅速发展。现在的木马已经不仅仅具有单一的功能，而是集多种功能于一身。根据木马功能的不同，可将其划分为破坏型木马、远程访问型木马、密码发送型木马、键盘记录木马、DOS攻击木马等。

技能点 02　认识木马

【认知目标】

认识木马。

【认知内容】

POINT 01：

木马是通过特定的程序来控制另一台计算机。木马通常有两个可执行程序：一个是客户端，即控制端；另一个是服务端，即被控制端。黑客入侵用户的计算机，然后植入木马的服务端，这样被入侵的计算机就会有一个或几个端口被打开，使黑客可以利用这些打开的端口进入计算机系统。用户的计算机安全和个人隐私也就全无保障了。

POINT 02：

木马程序的设计者为了防止木马被发现，采用多种手段隐藏木马。木马的服务端一旦运行并被控制端连接，控制端将享有服务端的大部分操作权限。例如，给计算机增加口令，浏览、移动、复制、删除文件，修改注册表，更改计算机配置等。

POINT 03：

现在流行的木马程序主要以盗取用户有价值的游戏账号、银行账号、隐私等为主，从而获取经济利益。

POINT 04：

特洛伊木马可理解为类似灰鸽子病毒的软件，在计算机中潜伏，以达到黑客目的。有些病毒会伪装成一个实用工具、一个可爱的游戏或者一个位图文件等，这会诱使用户将其安装在 PC 或者服务器上。这样的病毒也被称为"特洛伊木马"（Trojan Horse），简称"木马"。

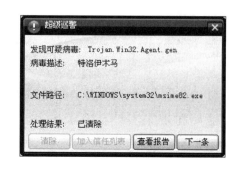

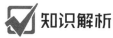 知识解析

破坏型木马

破坏型木马的唯一功能就是破坏并删除计算机中的文件，非常危险，一旦被感染就会严重威胁到计算机的安全。不过像这种恶意破坏的木马，黑客也不会随意传播。

远程访问木马

远程访问木马是一种广泛传播并且危害很大的木马程序。它可以远程访问并且直接控制被入侵的计算机，从而任意访问该计算机中的文件，获取计算机用户的私人信息，如银行账号、密码等。

密码发送型木马

密码发送型木马是一种专门用于盗取目标计算机中密码的木马文件。有些用户为了方便使用 Windows 系统的密码记忆功能登录，从而不必每次都输入密码；有些用户喜欢将一些密码信息以文本文件的形式存放于计算机中。这样确实为用户带来了一定的方便，但也正好给密码发送型木马带来了可乘之机，它会在用户未发觉的情况下，搜集密码并发送到指定的邮箱，从而盗取密码。

键盘记录木马

键盘记录木马非常简单，通常只做一件事，就是记录目标计算机键盘敲击的按键信息，并在 log 文件中查找密码。该木马可以随着 Windows 系统的启动而启动，并且有在线记录和离线记录两个选项，从而记录用户在线和离线状态下敲击键盘按键的情况，从中提取密码等有效信息。这种木马也有邮件发送功能，将搜集到的信息发送到指定的邮箱中。

模块 3 安装 360 杀毒软件

杀毒软件也称为反病毒软件或防毒软件，是用于消除计算机病毒、木马和恶意软件等计算机威胁的一类软件。杀毒软件通常集成监控识别、病毒扫描和清除、自动升级等功能，有的杀毒软件还带有数据恢复等功能，是计算机防御系统（包含杀毒软件、防火墙、木马和其他恶意软件的查杀程序、入侵预防系统等）的重要组成部分。

技能点 03　安装 360 杀毒软件

【操作目标】

安装 360 杀毒软件。

【操作步骤】

STEP 01：

双击"360 杀毒软件安装程序"图标，弹出安装界面。

STEP 02：

单击"立即安装"按钮。

STEP 03：

开始安装软件，提示"正在安装，请稍后…"，等待一段时间后，软件安装完成。

STEP 04：

安装完成后，弹出 360 杀毒软件界面，软件安装完成。

模块 4　使用 360 安全卫士优化系统

随着病毒及木马编写技术的不断发展进步，当前的病毒及木马大都带有自我保护机制，一旦感染就很难查杀或清理掉。用户最好在计算机上安装最新的杀毒软件或者下载一些专用的木马查杀工具，定期查杀。

技能点 04　360 安全卫士软件的功能

【认知目标】

认识 360 安全卫士软件。

【认知内容】

POINT 01：

电脑体检，对计算机进行详细的检查。

POINT 02：

木马查杀，使用 360 云引擎、360 启发式引擎、小红伞本地引擎、QVM 引擎四引擎杀毒。

POINT 03：

电脑清理，清理插件、垃圾、上网痕迹、注册表等。

POINT 04：

系统修复，为系统修复高危漏洞和功能更新，修复常见的上网设置、系统设置等。

POINT 05：

优化加速，通过优化启动项、计划任务、插件和应用软件、系统服务等系统设置，加快开机速度。

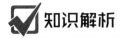知识解析

360 安全卫士

360 安全卫士是一款由奇虎 360 公司推出的功能强、效果好、受用户欢迎的网络安全软件。360 安全卫士拥有查杀木马、清理插件、修复漏洞、电脑体检、保护隐私等多种功能，并具有"木马防火墙"功能，依靠抢先侦测和云端监测，可全面、智能地拦截各类木马，保护用户的账号、隐私等重要信息。

技能点 05　系统检测

【操作目标】

利用 360 安全卫士软件可以对计算机进行"体检"，检测系统中的风险，提高计算机的安全和性能。

【操作步骤】

STEP 01：

打开 360 安全卫士软件，单击界面中的"立即体检"按钮。

STEP 02：

经过一段时候后，检测完毕，界面中显示检测结果，用户可以根据需要对系统进行修复。

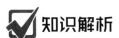知识解析

🌀360 安全卫士软件的具体功能

计算机体检：对计算机进行详细的检查。

查杀木马：使用 360 云引擎、360 启发式引擎、小红伞本地引擎、QVM 引擎四引擎杀毒。

修复漏洞：为系统修复高危漏洞和功能更新。

系统修复：修复常见的上网设置、系统设置等。

电脑清理：清理插件、垃圾、上网痕迹、注册表等。

优化加速：加快开机速度。

功能大全：提供几十种功能。

软件管家：安全下载软件、小工具，还可卸载计算机中的软件等。

电脑门诊：解决计算机的其他问题。

技能点 06　系统性能优化

【操作目标】

利用 360 安全卫士软件，进行系统性能优化。

【操作步骤】

STEP 01：

　　打开 360 安全卫士软件，单击"优化加速"按钮。

STEP 02：

　　在"优化加速"界面中，单击"全面加速"按钮，开始扫描系统中可优化的项目。

STEP 03：

　　软件扫描中。

STEP 04：

经过一段时间后，扫描完毕，界面中显示出可供优化的项目，用户可以选择需要优化的项目，然后单击"立即优化"按钮。

STEP 05：

一段时间后，优化完毕。

知识解析

关于系统优化

经常对系统进行优化可以尽可能地减少计算机执行进程的数量，如更改工作模式、删除不必要的中断让机器运行更有效、优化文件位置使数据读写更快、空出更多的系统资源供用户支配，以及减少不必要的系统加载项及自启动项。

技能点 07　系统清理

【操作目标】

打开 360 安全卫士软件，进行系统清理。

【操作步骤】

STEP 01：

打开 360 安全卫士软件，单击"电脑清理"按钮。

STEP 02：

进入"电脑清理"界面，单击"全面清理"按钮扫描并清理系统垃圾、系统插件等。

清理垃圾、插件、痕迹，释放更多空间

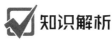 知识解析

关于 360 安全卫士软件的其他功能

计算机系统在运行时以及软件卸载后会在磁盘以及注册表中残留一些垃圾文件，随着这些垃圾文件的积聚，系统的运行速度也会越来越慢，这时就需要借助专业的工具来对系统进行优化。利用 360 安全卫士软件，可以一键清理计算机系统中的 Cookie、垃圾文件、痕迹和插件，让系统运行得更加有效。

模块 5　病毒的查杀与预防

随着病毒及木马编写技术的不断发展进步，当前的病毒及木马大都带有自我保护机制，一旦感染就很难查杀或清理掉。用户最好在计算机上安装最新的杀毒软件或者下载一些专用的木马查杀工具，定期查杀。

技能点 08　使用 360 杀毒软件查杀病毒

【操作目标】

使用 360 杀毒软件查杀病毒。

【操作步骤】

STEP 01：

打开 360 杀毒软件，在界面中单击"全盘扫描"按钮。

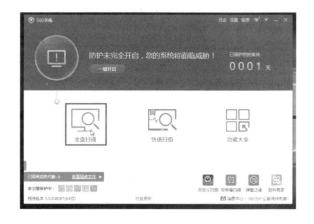

STEP 02：

切换到杀毒界面，显示杀毒的进程。

STEP 03：

杀毒完成后，显示杀毒结果，如果发现安全威胁，那么可以选择性地进行处理，单击"立即处理"按钮。

STEP 04：

处理完成后，显示处理结果。

☑ 知识解析

360 杀毒软件

　　360 杀毒软件是 360 安全中心出品的一款免费的云安全杀毒软件。360 杀毒软件具有查杀率高、资源占用少、升级迅速等优点。360 杀毒软件还可以与其他杀毒软件共存，是一款理想的杀毒软件备选方案。360 杀毒软件可以第一时间防御新出现的病毒、木马，其采用全新的"SmartScan"智能扫描技术，其扫描速度奇快，能为用户的计算机系统提供全面防护，二次查杀速度极快。

技能点 09　开启 360 木马防火墙

【操作目标】

开启 360 木马防火墙。

【操作步骤】

STEP 01：

打开 360 杀毒软件，单击界面下方的"防护中心"按钮。

STEP 02：

在"360 防护中心"界面，提示"立体防护未全开启"，此时系统存在安全风险，单击"全部开启"按钮。

STEP 03：

此时实时防护已全面开启，可以保护计算机系统不被病毒、木马及恶意程序入侵。

知识解析

360 木马防火墙

360 木马防火墙是第一款专用于抵御木马入侵的防火墙，应用 360 独创的"亿级云防御"，内建入口防御、隔离防御和系统防御三大功能，能够阻挡所有具有木马行为的软件向网络发送信息，保证计算机的信息安全。

360 木马防火墙需要开机启动，才能起到主动防御木马的作用。

技能点 10　利用 360 安全卫士软件修补系统漏洞

【操作目标】

利用 360 安全卫士软件修补系统漏洞。

【操作步骤】

STEP 01：

打开 360 安全卫士软件，单击上方的"系统修复"图标按钮。

STEP 02：

在出现的界面中单击"单项修复"按钮，然后选择"漏洞修复"选项。

STEP 03：

选择需要修复的漏洞，单击"升级系统"按钮进行补丁安装。

STEP 04：

修复完成后，显示"电脑很安全，请继续保持"。

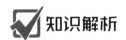知识解析

系统漏洞

　　系统漏洞是指应用软件或操作系统软件在逻辑设计上的缺陷或错误，被不法者利用，通过网络植入木马、病毒等方式来攻击或控制整个计算机，窃取用户计算机中的重要资料和信息，甚至破坏系统。在不同种类的软件、硬件设备之间，同种设备的不同版本之间，由不同设备构成的不同系统之间，以及同种系统在不同的设置条件下，都会存在各种不同的安全漏洞问题。利用 360 安全卫士软件，可为系统修复高危漏洞和提供功能更新，使计算机更安全。

技能点 11　设置定期杀毒

【操作目标】

用 360 杀毒软件设置定期杀毒。

【操作步骤】

STEP 01：

　　打开 360 杀毒软件，单击右上角的"设置"按钮。

STEP 02：

　　选择"病毒扫描设置"选项卡，在"定时查毒"选区中勾选"启用定时查毒"复选框，设置"扫描类型"为"快速扫描"，然后在下方设置扫描时间，单击"确定"按钮即完成定期杀毒设置。

模块 6　启用 Windows 防火墙

　　防火墙是一项协助用户确保计算机信息安全的设备，它依照特定的规则，允许或限制传输的数据通过。防火墙可以是一台专属的硬件，也可以是架设在一般硬件上的一套软件。

Windows 防火墙，顾名思义就是 Windows 操作系统自带的软件防火墙。

防火墙对每一个计算机用户的重要性不言而喻，尤其是在当前网络威胁泛滥的环境下，通过专业可靠的工具来保护计算机信息安全十分必要。

技能点 12　启用 Windows 防火墙

【操作目标】

启用 Windows 防火墙。

【操作步骤】

STEP 01：

打开控制面板，单击"系统和安全"选项。

STEP 02：

切换到"系统和安全"窗口，选择"Windows 防火墙"选项。

STEP 03：

切换到"Windows 防火墙"窗口，选择左侧的"启用或关闭 Windows 防火墙"选项。

STEP 04：

切换到"自定义设置"窗口，分别选中"专用网络设置"和"公用网络设置"选区中的"启用 Windows 防火墙"单选按钮，然后单击"确定"按钮。

STEP 05：

此时即可启用Windows防火墙。

模块 7　网络支付工具安全防护

今天，网络购物已经非常普遍，淘宝所用到的支付宝和腾讯QQ、微信用到的"财付通"已经成为人们经常使用的支付工具。那么为了保障支付工具的安全，就需要采取一些有效的防护措施，使我们的财产安全得到保障。

技能点 13　加强支付宝的安全防护

【操作目标】

通过定期修改登录密码的方式加强支付宝安全防护。

【操作步骤】

STEP 01：

在 Edge 浏览器地址栏中输入支付宝网站后按【Enter】键进入支付宝首页，单击右上角的"快速登录"按钮。

STEP 02：

弹出扫码登录窗口，可使用该方式登录。若想通过账号登录，则单击该窗口右上角的"计算机"图标按钮，切换至"账号登录"窗口，输入用户名、密码，输入完成后单击"登录"按钮。

STEP 03:

登录成功后，在打开的新页面中选择页面顶部的"安全中心"选项。

STEP 04:

在新打开的"安全管家"页面中选择"保护账户安全"选项，在"登录密码"右侧单击"重置"按钮。或者在该页面左侧快速入口处直接单击"重置登录密码"选项。

STEP 05:

在该界面中根据提示输入当前密码以及新密码后，单击"确认"按钮。

STEP 06:

绑定手机。在"安全管家"页面中的"保护账户安全"选项卡中的"手机绑定"右侧单击"管理"按钮。

STEP 07：

设置安全保护问题。在"安全管家"页面中的"保护账户安全"选项卡的"安全保护问题"右侧单击"修改"按钮。

✔ **知识解析**

支付宝

支付宝（中国）网络技术有限公司（以下简称支付宝公司）是一家国内领先的第三方支付平台，致力于提供"简单、安全、快速"的支付解决方案。支付宝公司从 2004 年建立开始，始终以"信任"作为产品和服务的核心。旗下有"支付宝"与"支付宝钱包"两个独立品牌。自2014年第二季度开始成为当前全球最大的移动支付厂商。蚂蚁金服旗下的支付宝，是以个人为中心的生活服务平台。目前，支付宝已发展成为融合了支付、生活服务、政务服务、社交、理财、保险、公益等多个场景与行业的开放性平台。

技能点 14　加强财付通的安全防护

【操作目标】

通过设置二次登录密码、定期修改登录密码的方式加强支付宝安全防护。

【操作步骤】

STEP 01：

绑定手机。在 Edge 浏览器地址栏中输入财付通网址后，按【Enter】键，打开财付通网站首页，单击"登录"按钮。

STEP 02：

进入个人用户首页后，在页面上方选择"安全中心"选项。

STEP 03：

在安全中心页面列出的列表中单击"绑定手机"选项右侧的"修改号码"按钮，弹出"绑定手机"对话框，根据提示填写手机号码以及支付密码，单击"下一步"按钮，根据提示填写接收到的验证码并单击"确定"按钮。

STEP 04：

在安全中心左侧的快捷通道中选择"设置二次登录密码"选项，可设置二次登录密码加强财付通账户的安全。

STEP 05：

进入"二次登录密码"对话框，根据提示信息填写当前的二次登录密码和新的二次登录密码，单击"确定"按钮，设置成功。

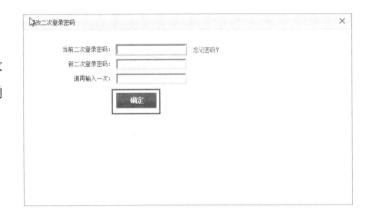

STEP 06：

定期修改登录密码。在安全中心页面左侧快速通道中单击"修改登录密码"选项，将页面切换至"重置密码"页面，按照页面提示修改密码即可。

STEP 07：

在安全中心页面下方列表中单击"数字证书"选项右侧的"管理"按钮，在弹出的"数字证书"对话框中单击"立即安装"按钮，为本机安装数字证书。

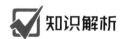

☑**知识解析**

财付通

　　财付通是腾讯公司推出的专业在线支付平台，其核心业务是帮助在互联网上进行交易的双方完成支付和收款。个人用户注册财付通后，可在腾讯接入的购物网站购物。财付通支持全国各大银行的网银支付，用户也可以先充值到财付通，享受更加便捷的财付通余额支付体验。

技能点 15　加强网上银行的安全防护

【操作目标】

通过定期修改密码等安全功能加强网上银行安全防护。

【操作步骤】

STEP 01：

　　定期修改登录密码。打开中国工商银行网站首页，单击"个人网上银行"按钮，进入"个人网上银行登录"页面，输入用户名、登录密码及验证码后单击"登录"按钮。

STEP 02：

　　进入个人网上银行页面，单击上方"安全"按钮，在安全页面中选择"网银管理"功能。

STEP 03：

　　单击"修改登录密码"选项，根据提示输入原密码、新密码以及动态密码和验证码，然后单击"确定"按钮。

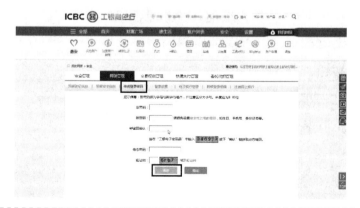

STEP 04:

设置预留验证信息。"预留信息验证"是工商银行提供的有效识别银行网站、防范不法分子利用假银行网站进行网上诈骗的一项服务。进入个人网上银行页面，单击"安全"按钮，在安全页面中选择"网银管理"功能。

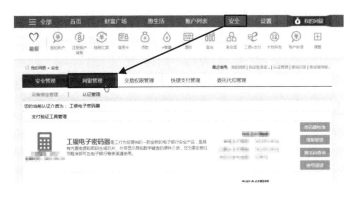

STEP 05:

修改预留验证信息，输入新的预留验证信息，单击"确定"按钮。

☑ 知识解析

网上银行又称网络银行、在线银行，是指银行通过 Internet 向客户提供开户、查询、对账、转账、投资理财等传统服务项目，客户足不出户就可以办理各项银行业务。但是网上银行也一直存在被黑客盗取账号和密码的情况，为了避免这种情况，应该做好防范措施，提高网上银行的安全性。

模块 8　系统和数据的备份与恢复

操作系统无论设计了多少安全设施，也难免会遭到黑客的入侵攻击，因此为了确保计算机中的数据不丢失，可选择对这些数据进行备份操作。操作系统的备份也需要做好，一旦系统崩溃或者无法运行，可以通过还原操作使系统恢复正常运转。还需要掌握一定的数据恢复技术，便于在误删除数据后能够及时将这些数据恢复到硬盘中。

技能点 16　使用还原点备份与还原系统

【操作目标】

使用还原点备份与还原系统。

【操作步骤】

STEP 01：

创建还原点。所谓的创建还原点，实质上就是创建系统状态的备份，下面介绍具体创建步骤。打开控制面板，单击"系统"图标，打开"系统"窗口，单击窗口左侧的"高级系统设置"选项，打开"系统属性"对话框，选择"系统保护"选项，在"系统保护"窗口中单击"创建"按钮。

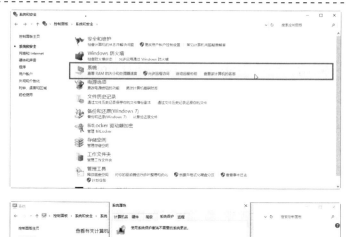

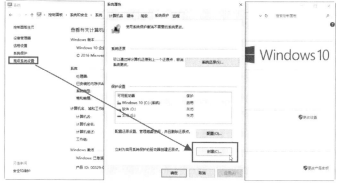

STEP 02：

打开"系统保护"对话框，输入还原点的描述信息，然后单击"创建"按钮，此时出现正在创建还原点的进度条，等待片刻，还原点创建完成后提示"已成功创建还原点"。

STEP 03：

使用还原点。在"系统属性"对话框的"系统保护"选项卡中单击"系统还原"按钮，弹出"系统还原"对话框。

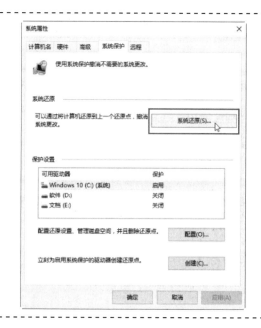

STEP 04：

根据需要，选择"撤消系统还原"或"选择另一还原点"单选按钮，单击"下一步"按钮。

STEP 05：

在打开的对话框中根据日期、时间选取还原点，然后单击"下一步"按钮。

STEP 06：

在弹出的"确认还原点"对话框中再确认一遍还原点，避免选择了错误的还原点，确认信息后单击"完成"按钮。

STEP 07：

稍等片刻，将会还原 Windows
系统的文件和设置，并重新启动计算
机，计算机重新启动后，弹出系统还
原已成功完成的提示，单击"关闭"
按钮，即可完成系统还原操作。

 知识解析

> 还原点在 Windows 系统中是为保护系统而存在的。由于每个被创建的还原点中都
> 包含该系统的系统设置和文件数据，所以完全可以使用还原点来备份和还原操作系统。

习　题　12

一、填空题

1. _____是指编制者在计算机程序中插入的破坏计算机功能或者破坏数据的、影
响计算机使用并且能够自我复制的一组计算机指令或者程序代码。

2. 计算机病毒有_____、传染性、潜伏性、可触发性等特征。

3. _____是一种专门用于盗取目标计算机中密码的木马文件。

4. _____是用于消除计算机病毒、木马和恶意软件等计算机威胁的一类软件。

5. 数字签名包括_____和验证两个过程。

6. _____是一项协助确保计算机信息安全的设备，它依照特定的规则，允许或限制
传输的数据通过。

7. _____是指应用软件或操作系统软件在逻辑设计上的缺陷或错误，被不法者利用，
通过网络植入木马、病毒等方式来攻击或控制整个计算机，窃取用户计算机中的重要资料
和信息，甚至破坏系统。

8. _____是计算机系统的资源管理的核心。

9. _____是腾讯公司推出的专业在线支付平台，其核心业务是帮助在互联网上进行
交易的双方完成支付和收款。

10. 用于防范内部人员恶意破坏的做法有严格访问控制、完善的管理措施、_____
_____。

二、选择题

1. 下面哪个不是计算机病毒的特点（　　　）。
    A. 程序性　　　　　　　　　　B. 传染性
    C. 可触发性　　　　　　　　　D. 模糊性

2．下列哪个可以用于消除计算机病毒、木马和恶意软件等计算机威胁（　　）。

    A．360 杀毒软件　　　　　　　　　B．Word

    C．Excel　　　　　　　　　　　　D．Photoshop

3．统计数据表明，网络和信息系统最大的人为安全威胁来自（　　）。

    A．第三方人员　　　　　　　　　　B．内部人员

    C．恶意竞争对手　　　　　　　　　D．互联网黑客

4．以下关于盗版软件的说话，错误的是（　　）。

    A．可能会包含不健康的内容

    B．成为计算机病毒的重要来源和传播途径之一

    C．若出现问题可以找开发商负责赔偿损失

    D．使用盗版软件是违法的

5．恶意代码传播速度最快、最广的途径是（　　）。

    A．通过光盘复制来传播文件时

    B．通过 U 盘来复制传播文件时

    C．通过网络来传播文件时

    D．安装系统软件时

6．信息系统威胁识别主要是（　　）。

    A．对信息系统威胁进行赋值

    B．识别被评估组织机构关键资产直接或间接面临的威胁，以及对应的分类和赋值等活动

    C．识别被评估组织机构关键资产直接或间接面临的威胁

    D．以上答案都不对

三、简答题

1．简述 360 安全卫士软件的功能。

2．简述计算机病毒有哪些特点。

反侵权盗版声明

电子工业出版社依法对本作品享有专有出版权。任何未经权利人书面许可，复制、销售或通过信息网络传播本作品的行为；歪曲、篡改、剽窃本作品的行为，均违反《中华人民共和国著作权法》，其行为人应承担相应的民事责任和行政责任，构成犯罪的，将被依法追究刑事责任。

为了维护市场秩序，保护权利人的合法权益，我社将依法查处和打击侵权盗版的单位和个人。欢迎社会各界人士积极举报侵权盗版行为，本社将奖励举报有功人员，并保证举报人的信息不被泄露。

举报电话：（010）88254396；（010）88258888

传　　真：（010）88254397

E-mail：　　dbqq@phei.com.cn

通信地址：北京市万寿路 173 信箱

　　　　　电子工业出版社总编办公室

邮　　编：100036